NONGCUN JITI JINGJI SHENJI SHIWU

农村集体经济
—审计实务—

主编 周友兴
副主编 寿建荣 杜立群

中国农业科学技术出版社

图书在版编目(CIP)数据

农村集体经济审计实务 / 周友兴主编 . —北京：中国农业科学技术出版社，2018.11 (2025.8重印)
ISBN 978-7-5116-3911-0

Ⅰ. ①农… Ⅱ. ①周… Ⅲ. ①农村经济－集体经济－审计－中国 Ⅳ. ① F239.61

中国版本图书馆 CIP 数据核字(2018)第221436号

责任编辑	闫庆健
责任校对	贾海霞
文字加工	鲁卫泉

出 版 者	中国农业科学技术出版社
	北京市中关村南大街12号　邮编：100081
电　　话	(010)82106632 (编辑室)　(010)82109704 (发行部)
	(010)82109703 (读者服务部)
传　　真	(010)82106625
网　　址	http://www.castp.cn
经 销 者	各地新华书店
印 刷 者	北京建宏印刷有限公司
开　　本	787mm×1092mm　1/16
印　　张	13.75
字　　数	215千字
版　　次	2018年11月第1版　2025年8月第4次印刷
定　　价	43.00元

◆━━━ 版权所有·翻印必究 ━━━◆

(本图书如有缺页、倒页、脱页等印刷质量问题，直接与承印厂联系调换)

《农村集体经济审计实务》编辑委员会

主　　任　周友兴

副 主 任　寿建荣　杜立群

成　　员　(按姓氏笔划排列)

　　　　　王伯超　王国根　华建宽　张夏琴
　　　　　何　艳　范鹏锋　竺志洪　施翰兴
　　　　　倪　程　徐　晶　谢国军　裘知未
　　　　　滕承志　魏　乐

主　　编　周友兴

副 主 编　寿建荣　杜立群

编写人员　(按姓氏笔划排列)

　　　　　王国根　石　磊　寿建荣　杜立群
　　　　　竺志洪　周友兴　周文华　周文清
　　　　　周惠军　宓巧萍　郭焕泰　商正洪
　　　　　鲁秋虹

序

农村集体财务管理涉及农民群众切身利益,历来受到各级党委政府的高度重视和农民群众的广泛关注。近年来,各地把农村集体经济审计作为加强农村集体财务管理的重要措施来抓,通过村干部任期和离任审计、专项审计等,及时发现和解决了农村集体财务管理中存在的突出问题,有力促进了党风廉政建设,维护了农村集体经济组织与农民群众的合法权益,保障了农村经济的健康发展和农村社会的和谐稳定。

农村集体经济审计是对农村集体组织财务收支情况的真实性、合理性、合法性和有效性进行审查并作出客观评价的一种经济监督活动,政策性、专业性强,涉及面广,必须加强规范引导。2007年,农业部制定《农村集体经济组织审计规定》,明确县级以上地方人民政府农村经营管理部门负责指导农村集体经济组织的审计工作,乡级农村经营管理部门负责农村集体经济组织的审计工作,并对审计范围和任务、审计职权、审计程序、奖惩等作出了一系列规定,为各地开展农村集体经济组织审计提供了操作规范。各地也都结合各自实际,总结形成了一整套农村集体经济审计的办法和制度,推动农村集体财务管理取得明显成效。

搞好农村集体经济审计,根本在制度引导,关键在实践操作。浙江省嵊州市农林局、柯桥区农办结合长期开展农村集体经济审计的工作实践,根据农村改革发展出现的新情况和新要求,组织多位基层审计工作者编写了《农村集体经济审计实务》。该书系统介绍了农村集体经济审计基础知识,详细讲解了村级财务审计和专项审计的基本方法技巧,具有较强的理论性、政策性、实用性和可操作性。它既是指导和培训农村审计干部依法据实审计的重要参考资料,也可作为农村基层干部和农村审计人员、农村财务管理人员的学习参考书。

值此本书出版之际,特作序。

中国农村杂志社《农村财务会计》主编
2018年9月

前　言

农村集体经济审计，是农村经营管理的重要组成部分。强化审计监督职能、服务农村"三资"管理的规范化，促进农村社会和谐和经济发展、加强农村集体经济组织建设和维护农民群众的权益保障，是新形势下农村经营管理部门的一项紧迫任务。为此，嵊州市农林局组织专门班子，结合多年农村审计工作实践，编写了《农村集体经济审计实务》一书。

《农村集体经济审计实务》共分15章，主要包括农村集体经济审计概论、审计的分类与方法、审计程序、审计依据、证据和工作底稿、内部控制制度审计、资产审计、负债审计、财务收支审计、农民负担专项审计、财政补助资金专项审计、土地补偿费专项审计、干部经济责任专项审计、财经法纪审计、计算机在线审计、审计报告和审计档案等内容。附录部分，选编了实际工作中常用的审计法规和重要文件，便于需要时查用。

本书内容丰富，通俗易懂，集知识性、实用性和可操作性于一体，期望成为农村审计培训教材、实际工作的工具书，并能成为经营管理部门和农村干部，以及财会人员的科普读物，且有所裨益。

在本书编写过程中，得到了浙江省有关部门领导的鼓励和支持，中国农村杂志社《农村经营管理》主编徐刚同志亲自为本书作序。此外，苍南县农业局杨思贤、嵊州市农村工作办公室钱维正同志帮助作了修改。为有利农村经济工作的开展，普及审计工作知识，本书多处引用有关专业审计工作书刊资料，在此对原作者深表谢意，文中不一一列出。编者的目的是以此普及农村经济审计的科学知识和相关要求，避免不必要的差错。值此本书出版之际，谨向所有关心和支持本书编写、出版的各级领导和同志致以诚挚的谢意。

由于编写人员水平有限，书中差错疏漏之处在所难免，敬请专家、同行及广大读者批评指正。

编　者
2018年9月

第一章 农村集体经济审计概论

第一节 农村集体经济审计概念、职能和作用………………………… 1

第二节 农村集体经济审计特点和遵循原则………………………… 4

第三节 农村集体经济审计对象、内容和任务……………………… 5

第四节 农村集体经济审计机构、人员……………………………… 6

第五节 农村集体经济审计人员的责任……………………………… 9

第二章 农村集体经济审计的分类与方法

第一节 农村集体经济审计分类……………………………………… 12

第二节 农村集体经济审计常用方法………………………………… 16

第三节 审计技术方法………………………………………………… 21

第四节 审计分类和审计方法的关系………………………………… 25

第三章 农村审计程序

第一节 审计程序概述………………………………………………… 27

第二节 审计准备阶段………………………………………………… 29

第三节 审计实施阶段………………………………………………… 33

第四节 审计终结阶段………………………………………………… 37

第四章　审计依据、证据和工作底稿

第一节　农村集体经济审计的依据……………………………………… 40

第二节　农村集体经济审计的证据……………………………………… 43

第三节　农村集体经济审计工作底稿…………………………………… 48

第五章　内部控制制度审计

第一节　内部控制制度概述……………………………………………… 52

第二节　建立内部控制制度的基本原则和内容………………………… 53

第三节　内部控制制度的审查方法与评价……………………………… 56

第六章　农村集体经济组织资产审计

第一节　流动资产的审计………………………………………………… 63

第二节　对外投资和固定资产审计……………………………………… 73

第七章　农村集体经济组织负债审计

第一节　流动负债的审计………………………………………………… 81

第二节　长期负债审计…………………………………………………… 85

第八章　农村集体经济财务收支审计

第一节　各项经济收入审计……………………………………………… 88

第二节　各项费用（支出）审计………………………………………… 91

第三节　收益和收益分配审计…………………………………………… 95

第九章　农民负担专项审计

第一节　农民负担专项审计概述………………………………………… 99

第二节　农民负担专项审计的主要内容和基本程序……………… 102

第三节　一事一议筹资筹劳及各项用工审计……………………… 104

第四节　农村财政转移支付资金审计……………………………… 107

第五节　减轻农民负担政策落实情况审计………………………… 113

第十章　农村集体财政补助资金专项审计

第一节　农村集体财政补助资金审计……………………………… 116

第二节　农村集体财政补助资金审计内容………………………… 118

第三节　农村集体财政补助资金审计要求………………………… 121

第四节　农村集体工程项目审计…………………………………… 123

第十一章　农村土地补偿费专项审计

第一节　征占农村集体土地补偿费审计的内容…………………… 130

第二节　征地补偿费拨付情况的审计……………………………… 131

第三节　征地补偿费分配和使用情况的审计……………………… 132

第十二章　农村干部经济责任专项审计

第一节　概　述……………………………………………………… 135

第二节　经济责任专项审计的对象及内容………………………… 138

第三节　经济责任审计的原则、程序和方法……………………… 139

第四节　承包经营责任及合同审计………………………………… 144

第十三章　农村集体经济财经法纪审计

第一节　财经法纪审计的概念……………………………………… 151

第二节　财经法纪审计特点………………………………………… 152

第三节　财经法纪审计的目标任务……………………………… 154

第四节　财经法纪审计的作用和内容……………………………… 155

第五节　财经法纪审计的程序和方法……………………………… 156

第十四章　计算机在线审计

第一节　用计算机审计概述……………………………………… 160

第二节　用计算机审计的程序…………………………………… 164

第三节　用计算机审计的方法…………………………………… 166

第十五章　审计报告和审计档案

第一节　审计报告………………………………………………… 172

第二节　审计整改和审计成果运用……………………………… 179

第三节　审计档案………………………………………………… 180

附　录

附录一　农业部办公厅关于印发《农村集体经济组织审计规定》的通知 …… 185

附录二　浙江省农村集体经济审计办法…………………………… 190

附录三　浙江省农村集体资产管理条例…………………………… 196

参考文献……………………………………………………………… 207

第一章 农村集体经济审计概论

第一节 农村集体经济审计概念、职能和作用

一、农村集体经济审计的概念

农村集体经济审计是指农村经济管理部门，或农村集体经济审计机构及农村集体经济组织的内部审计。依照国家法律、法规和规章的规定，按照规定程序，运用审计的方法，对农村集体经济组织及其所属单位的财务收支和经营活动的真实性、合法性和经济效益情况进行审查；并评价其经济责任，对审查结果作出公正结论，以达到严肃财经法纪，改善经营管理，提高经济效益等一系列经济监督活动的总称。农村集体经济审计，是我国审计的重要组成部分，是由我国农村集体所有制的特殊性质而形成的一种审计形式。

农村集体经济审计的概念，可以从以下5个方面理解。

（一）审计的主体

审计的主体是指在审计过程中起主导性、决定性作用的一方，即审计的执行者。由谁来执行审计，履行经济监督的职能，直接反映出审计监督的实质。就农村集体经济审计而言，执行审计的主体就是地方法规、规章授权的农村经济管理部门、农村集体经济审计机构和农村集体经济组织内部建立的审计组织。

（二）审计的客体

审计的客体，又称审计的对象，是指在审计过程中处于被审地位的那一方，即接受审计的那一方，包括被审单位和被审事项两项具体内容。就农村集体经济审计的对象而言，其被审单位是乡（镇）、村集体经济组织及其所属单位，以及使用农村集体资产、资金的其他单位等；而被审事项是被审单位的财务收支活动、经营管理活动和经济责任等。

(三) 审计的依据

审计的依据是农村审计机构或审计人员,根据审计情况进行衡量和判断的尺子和标准。农村集体经济审计是依法审计,其审计依据的是国家法律、法规和行政规章,以及地方性法规、规章制度等。此外,被审单位内部制定的规章制度、计划(或预算)、经济合同等也可作为审计的依据。

(四) 审计的目标和目的

农村集体经济审计的目标,是被审计对象的真实性、合法性和效益性。审计的目的,是维护财经法纪,改善经营管理,提高经济效益,促进宏观调控。

(五) 审计的程序和方法

农村集体经济审计必须按照一定的程序和方法进行。需要明确的是,查账与审计是两个不同的概念,它们之间既有联系也有区别。通称的查账,是指对会计凭证、会计账簿、会计报表等会计核算资料的检查。它既要对会计核算资料的正确性、完整性、系统性是否符合相应的要求进行检查,也要对会计核算资料所反映经济业务的真实性、合法性、合理性进行检查。所以,查账是各种经济监督通用的一种监督手段。由会计机构或会计人员组织实施的查账,称为会计检查,是会计工作的组成部分;而由审计机构或审计人员组织实施的查账,属于审计工作范畴。二者不能相互取代。

二、农村集体经济审计的职能

农村集体经济审计的职能,是指农村集体经济审计固有的功能,也是审计工作的根本属性。通过履行农村集体经济审计职能,能够实现4个目标:一是审查财务收支的真实性、正确性、客观性和合法性;二是检查和评估被审计单位经济活动的经济效益;三是维护国家的财经法纪,严肃财经纪律,打击违法犯罪行为;四是考核经济责任人。

农村集体经济审计的职能主要包括以下3个方面。

(一) 经济监督职能

审计最基本的职能是经济监督。经济监督,就是监察和督促被审计单位的全部经济活动在规定的范围内、正常的轨道上运行。对农村集体经济审计而言,就是要依法检查农村集体经济组织等被审计单位的经济活动是否符合国家法律法规和政策规定,是否存在违反财经纪律的现象,以保护集体合法权益,促进被审计单位加强管理,提高经济效益。

(二) 经济评价职能

经济评价，就是通过审查被审计单位的经济决策、计划方案、财务收支、经济效益等经济活动状况，对被审计单位在财经纪律的执行、财务成果和经济效益、规章制度的建立和执行等情况，做出客观、全面的判断和评价，并提出改进措施和建议，帮助被审计单位落实经济责任，改善经营管理。

(三) 经济鉴证职能

经济鉴证，是指对被审计单位的财务报表及其他资料进行审查和验证，确定其财务状况和经营成果的真实性、公允性、合法性，并出具证明性审计报告，为审计授权人或委托人提供确切的信息，以取信于社会公众。

三、农村集体经济审计的作用

农村集体经济审计在规范和推动农业农村经济发展中发挥了重要作用，主要表现在以下3个方面。

(一) 规范农村财务管理，保障集体资产安全

开展农村集体经济审计，可以揭露农村财务管理中存在的问题，克服管理混乱的现象，健全财务管理制度，促进集体经济组织完善和执行内部控制制度，帮助集体经济组织理顺经济关系，促进集体经济发展。

(二) 维护财经纪律，加强农村基层党风廉政建设

集体所有制是社会主义公有制的一种形式，集体财产属于集体成员共有，任何个人不得侵占、挪用。开展农村集体经济审计，能够促进农村基层干部严格执行政策规定，加强党风廉政建设，提高村级财务公开质量，密切党群干群关系，促进农村社会稳定。

(三) 加强集体资产管理，提高经济效益

改革开放以来，我国农村集体经济不断壮大，积累了一定规模的集体资金、资产。开展农村集体经济审计，可以对农村集体资金、资产的使用提出合理化建议，将有限的资金、资产用于发展壮大集体经济、提高农业科技含量、改善农村基础设施等项目，提高集体经济效益，壮大集体经济实力。

第二节　农村集体经济审计特点和遵循原则

一、农村集体经济审计的特点

（一）审计对象具有多样性

农村集体经济按照行业划分，可以分为农业、林业、畜牧业、渔业、工业、商业、交通运输业、服务业、建筑建材业等；从经营形式上看，既有集体统一经营、承包经营、联合经营，又有股份合作经营等，构成了一个多种经营形式并存的混合系统。从审计内容看，既要审查产、供、销、运、储以及其他经营活动，又要审查各种非经营性的收支，既要审查成本、利润的形成和收益分配情况，又要审查经营方针、经营决策和农业资源利用情况；既要审查各种账目和内部控制制度，又要审查财经法纪执行情况。

（二）审计方法具有灵活性

农村集体经济审计面广、量大、点多，并且机构不健全、体制不顺、人员素质不高。因此，必须因地制宜，采取灵活多样的审计方法。目前，不少地区在审计机构尚不健全时，实行定期和不定期的财务检查、集体办公以及财务会审制度；并健全民主理财组织，加强民主理财工作，对集体财务进行财务决策审议、会计账目审查、违纪违章稽查等；和在农村经营管理部门建立审计机构，配备审计人员，开展审计工作。这些灵活多样审计方法，既适应了不同地区对经济监督的不同要求，也为进一步规范农村集体经济审计工作创造了条件，奠定了基础。

（三）审计活动具有群众性

根据宪法规定，集体经济组织实行民主管理，依法选举和罢免管理人员，经营管理的重大问题实行民主决策。开展农村集体经济审计，特别注重发挥群众的监督作用，及时张榜公布审计结果，增强审计工作的透明度，把审计监督和民主监督有机结合起来。

（四）审计与经营管理工作具有互融性

目前，农村集体经济组织审计机构，一般设在县、乡（镇）农村经营管理部门，有的与经营管理部门是两块牌子、一套人马。各级农村经营管理部门一方面指导集体经济组织经营管理工作；另一方面又对集体经济组织及其所属单位实施审计监督，实现了农村集体经济审计与农村经营管理工作的有机融合。

二、农村集体经济审计原则

审计原则是审计工作必须遵循的准绳和行为规范。农村集体经济审计原则除具备一般审计工作原则外，还有其相应的特殊性。

（一）独立性原则

农村集体经济审计机构，在上级政府和主管部门的领导下，依照国家法律法规、政策，独立开展审计工作，其他部门和个人不得干涉。审计机构独立承担审计职能，对直接领导和主管部门负责。

（二）合法性原则

农村集体经济审计证据的取得必须符合法定程序，审计结论必须符合相关要求，没有法律依据的审计结论不具备合法性。

（三）客观性原则

开展农村集体经济审计，必须以事实为依据，如实反映经济活动的本来面目。审计调查和审计结论都不能带有个人偏见。审计人员必须坚持原则，客观公正，真实反映审计结果。

（四）群众性原则

开展农村集体经济审计必须坚持走群众路线，吸收民主理财人员及其他群众广泛参与，到群众中发现审计线索，取得有效的审计证据；审计结果及时反馈给农民群众，得到群众的支持和拥护，才能达到审计目的。

（五）权威性原则

审计意见得到有效落实，切实发挥审计监督作用，是农村集体经济审计权威性的重要体现，是农村集体经济审计工作的出发点和落脚点，也是树立农村集体经济审计良好形象的重要保证。

第三节 农村集体经济审计对象、内容和任务

一、农村集体经济审计的对象

农村集体经济审计的对象主要是村、组集体经济组织及其所属单位的经济活动。可概括为，被审计单位的财政财务收支及有关经济活动，以及作

为经济活动信息载体的相关资料。依照《农村集体经济组织审计规定》和农村集体经济组织审计地方法规，农村改革发展实际情况，农村集体经济审计的对象主要包括：一是农村集体经济组织及其所属单位；二是农村集体经济组织及其所属单位的负责人；三是农民专业合作组织；四是涉农收费相关部门；五是当地政府、上级业务主管部门、审计机关委托的其他被审计单位。

二、农村集体经济审计的内容

审计的具体内容是指审计监督的具体事项。根据有关法律法规和政策规定，结合农村集体经济组织发展状况，农村集体经济组织审计机构主要对被审计单位的下列事项进行监督：一是资金、财产的验证和使用管理情况；二是财务收支和有关经济活动及其经济效益；三是财务管理制度的制定和执行情况；四是承包合同的签订和履行情况；五是收益（利润）分配情况；六是承包费等集体专项资金的预算、提取和使用情况；七是村集体公益事业建设一事一议筹资筹劳情况；八是村集体经济组织负责人任期目标和离任经济责任；九是侵占集体财产等损害农村集体经济组织利益的行为；十是乡（镇）经营管理部门代管集体资金的情况；最后一条是当地政府、审计机关和上级业务主管部门委托的其他审计事项。

三、农村集体经济审计的任务

为了履行审计职能，实现审计目的，农村集体经济审计担负着以下基本任务：一是审查和评价被审计单位会计资料的真实性、正确性和完整性，保证会计信息的及时、可靠和有用；二是审查和评价被审计单位财务收支的合法性和合规性，揭露违法违纪行为；三是审查和评价被审计单位的经营决策、计划、预算的制订和执行，保证农村经济的顺利发展；四是审查和评价被审计单位内部控制制度的制定和执行情况，促使被审计单位建立健全规章制度；五是审查和评价被审计单位法律、法规和制度的贯彻执行情况，巩固和加强社会主义法制。

第四节 农村集体经济审计机构、人员

一、农村集体经济审计机构

农村集体经济审计组织机构的设置，主要是依托各级农村经营管理部门建立和发展起来的。随着农村经济的发展，农村集体经济审计机构的形式也

呈多样化。

（一）以各级农村经管站为主

以各级农村经管站为主体，成立农村集体经济审计站。有的从经管站分出一部分人员，明确相应编制，独立开展工作；有的与经管站一套人马两块牌子，这种形式占较大部分。

（二）单独设立农村集体经济审计部门

有的在农村经营管理部门下设立农村集体经济审计事务所，主要承担政府或经营管理部门委托的农村集体经济审计工作。

（三）由农村经营管理部门承担

没有设立农村集体经济审计机构，由经营管理部门承担农村集体经济审计职能。个别地方成立隶属于本级政府的农村经济审计站（局、所）。

（四）委托第三方审计

县农业主管部门或乡镇人民政府，根据审计工作的需要，可以通过购买服务的方式，委托有资质的第三方审计机构承担村集体经济组织的审计工作。

1. 委托方式

办理委托审计应采用公开招标或邀请招标的方式。

2. 招标程序

招标程序依次为：招标、开标、评标、确定中标单位。

3. 投标单位基本条件

（1）具有工商部门核发的营业执照。

（2）具有对农村集体经济组织财务收支、经营管理活动的真实性、合法性和效益性进行审查、评价及鉴证的执业资质，连续正常执业3年以上。

（3）有一定数量的专职从业人员，其中至少有2名注册会计师或2名持有《浙江省农村集体经济审计资格证》且具有中级以上会计、审计专业技术资格的人员。

（4）具有良好的执业记录和社会信誉，近3年未被有关单位处罚或通报，未出现不良记录。

（5）具有承担审计风险的能力，能够依法维护委托人的权益并保守秘密。

4. 委托审计各方的职责

（1）第三方审计机构应当接受县农业主管部门和乡镇人民政府的指导和监督。

（2）第三方审计机构对提交的审计结果和其他相关文书、资料的真实性、合法性负责。

（3）县农业主管部门或乡镇人民政府对出具的审计报告负责。

（4）县农业主管部门或乡镇人民政府对村集体经济组织进行委托审计的，不得向村集体经济组织收取费用。

根据《审计法》和《农村集体经济组织审计规定》的有关规定，对农村集体经济审计机构的设置，应明确以下几点：一是统一由各级农村经营管理部门指导。县级以上农村集体经济审计机构应专门设立，并作为同级农村经营管理部门的一个相对独立的组成部分，受同级农村经营管理部门的领导，审计业务接受国家审计机关和上级主管部门的指导。二是建立相应的审计机构。农村集体经济组织已建立审计机构的，由其负责集体经济组织的审计工作，业务工作由乡（镇）经营管理部门具体指导；集体经济组织未建立审计机构的，由乡（镇）经营管理部门专门设立的审计机构，负责其审计工作，审计业务接受上级业务主管部门的审计机构和国家审计机关的指导。三是行使独立的集体经济审计监督权。农村集体经济审计部门可以独立行使集体经济审计监督权，并分别向集体经济组织的管理部门和乡（镇）人民政府报告工作。四是审计机构可以提供审计咨询服务。农村集体经济审计机构，除主要对农村集体经济组织及其所属单位实施审计监督外，还可以接受委托提供审计咨询服务。

二、农村集体经济审计的人员

农村集体经济审计是一项政策性和专业性都很强的工作，要求审计人员必须具备良好的政治素质、业务水平和职业道德。

（一）审计人员的基本条件

1. 政治素质

要求审计人员模范遵纪守法，廉洁奉公；有全心全意为人民服务的责任感和事业心；坚持原则，敢于同不正之风作斗争。

2. 业务水平

要求审计人员熟悉与审计有关的法律法规、政策和规章制度；掌握财务会计理论和技术方法；具备较全面的经营管理知识和实际工作水平；熟悉审计业务和掌握审计方法；有较强的组织协调和语言文字表达能力等。

3. 工作作风

要求审计人员坚持实事求是，善于调查研究；走群众路线，接受群众监督；对工作认真负责，一丝不苟；在审计过程中既坚持原则，又能处理好同被审计单位和被审计人员的关系。

（二）审计人员的职业道德

审计人员应根据社会主义精神文明建设的要求和审计工作的需要，自觉遵守职业道德。

农村集体经济审计人员职业道德主要包括：依法办事，坚持原则；忠于职守，廉洁奉公；实事求是，客观公正；遵纪守法，保守秘密；维护集体经济组织和农民的合法权益。

第五节　农村集体经济审计人员的责任

近年来，我国社会主义市场经济体制不断完善，民主法制建设不断加强，经济生活的"法治化"日趋严格，各种专业人员的法律责任也进一步明确。

农村集体经济审计不仅涉及农村集体经济组织和农民的利益，还涉及相关人员的经济和法律责任，审计结论直接影响有关单位和个人。因此，明确农村集体经济审计人员的法律责任，对促进农村集体经济审计人员遵守职业道德，提高农村集体经济审计工作质量，保证审计结论的客观公正，具有十分重要的意义。

一、农村集体经济审计人员的工作责任

农村集体经济审计人员执行审计任务的过程，就是履行工作责任的过程。农村集体经济审计人员应当按照法律法规和政策规定，通过实施适当的审计程序和方法，审查农村集体经济组织及其所属单位的财务状况、经营成果等内容，并把审计结论在审计报告中恰当地表述出来。在审计工作中，要自始至终地保持审计的独立性和客观性，绝不能玩忽职守、不负责任，以免造成不必要的损失。

一般而言，农村集体经济审计机构负责人对审计结论和整个农村集体经济审计组织的工作负有直接责任；农村集体经济审计机构的主要工作人员对确定审计项目，制订审计工作计划，确定审计工作程序和形成审计报告负有直接责任；所有现场审计工作人员都对自己负责的审计项目或区域的工作质量负有直接责任。

二、农村集体经济审计人员的法律责任

农村集体经济审计人员依照国家法律法规和政策规定开展农村集体经济审计工作。国家法律法规和政策既赋予农村集体经济审计人员相应的权力，也赋予了农村集体经济审计人员相应的责任。如果因为农村集体经济审计人员的过失，未能发现和揭示被审计单位的重大错误，或者是农村集体经济审计人员故意错报，造成经济损失，农村集体经济审计人员则要承担相应的民事甚至刑事责任，这就是农村集体经济审计人员的法律责任。

（一）过失责任

所谓过失，是指专业人员在履行法定义务时未能恪尽职守，未能保持职业上应有的谨慎，以致给他人造成损失。对于农村集体经济审计人员而言，过失主要是指未能遵循专业标准执行任务。过失按其程度可分为普通过失和重大过失。普通过失一般是指没有严格保持职业上应有的谨慎。重大过失一般是指没有保持职业上应有的最低限度的谨慎，对于农村集体经济审计人员而言，则是指根本没有遵循专业标准或没有按专业标准的要求开展工作。

（二）欺诈责任

欺诈是以欺骗坑害他人为目的的一种故意的错误行为。具有不良动机是欺诈的重要特征，也是欺诈与过失的主要区别之一。对于农村集体经济审计人员而言，就是为了达到欺骗他人的目的，明知被审单位有重大错误却加以虚假陈述，而出具无保留意见的审计报告。如明知被审计单位有严重的不法行为，而违背职业道德，根据被审计单位的示意或谋取私利，对事实加以掩饰、缩小或完全予以篡改，致使国家和集体经济组织、农民遭受严重的损失。又如，明知被审单位无重大错误，但出于个人目的，有意制造不符合事实的审计事项，伪造审计证据，或夸大事实，致使客户的正当权益受到损害。

三、农村集体经济审计人员法律责任的预防

与农村集体经济审计人员法律责任相适应，审计人员必须在开展审计工作中遵循专业标准和有关要求，尽量减轻自己的责任。

（一）遵循专业标准和职业道德要求

只要农村集体经济审计人员严格遵守专业标准和职业道德的要求，开展工作时保持认真和谨慎，一般就不会发生过失，至少不会发生重大过失。农村集体经济审计人员应当深刻理解和掌握专业标准及职业道德的要求，并在开展农村集体经济审计工作时严格遵守。

(二) 加强培训，提高人员素质

加强对农村集体经济审计人员的培训，使他们熟悉和掌握相关法律法规和政策，明确自身的权利和责任，提高农村集体经济审计人员的业务水平，预防农村集体经济审计人员法律责任的发生。

(三) 深入了解被审计单位的情况

农村集体经济审计人员必须事先了解被审单位的相关情况，然后根据被审单位情况，确定审计重点、程序和方法，提高审计的针对性，避免法律责任的发生。

第二章 农村集体经济审计的分类与方法

第一节 农村集体经济审计分类

审计分类是将审计按照不同标准划分为多种类型。审计分类有利于加深对审计工作的理解和认识,有利于审计人员按不同类型有针对性地开展工作,提高工作质量和效率。农村集体经济组织审计的分类标准很多,一般是根据审计内容、审计主体、审计时间和地点等标准进行多种分类。

一、按照审计的内容分类

按农村集体经济组织审计内容分类,可分为财务审计、经济效益审计、财经法纪审计和经济责任审计。

(一) 财务审计

财务审计是指对被审计单位的财务收支活动和反映其经济活动的会计资料进行的审计。财务审计主要是判断被审计单位的经济活动包括财务收支活动的真实性、合法性和会计处理方法的一贯性。财务审计的具体对象主要包括对年度、日常以及会计报表、账簿、凭证等。财务审计目的在于促进农村集体经济组织按国家方针政策和财经法纪办事,加强财务管理,维护集体财产的安全完整。

(二) 经济效益审计

经济效益审计是指审计机构对被审计单位或项目的经济活动,包括财政、财务收支活动的经济效益进行的审查。主要是对生产经营成果、基本建设投资等方面的审计。经济效益审计目的主要是评价被审计单位的经济效益状况,促进被审计单位改善和加强经营管理、挖掘内部潜力、加强决策的科学性,不断提高农村集体经济组织经济效益。

根据审计检查内容的不同,又可以分为业务经营审计和管理审计两个分支。业务经营审计是以审查业务经营各方面存在的潜力为主要内容,以挖掘自身潜力，促进经济效益的提高。管理审计是以审查被审计单位管理工作的质量为内容，以促进被审计单位提高经济管理水平为目的进行的审计。

（三）财经法纪审计

财经法纪审计是指针对农村集体经济组织或个人严重违反财经法纪行为而开展的专案审计。例如，对贪污盗窃、侵占国家、集体财产、重大损失浪费和损害国家利益的行为开展的专项审计就属于财经法纪审计。财经法纪审计的目的在于维护财经法纪，保护国家和人民财产的安全和完整。

（四）经济责任审计

经济责任审计是指对农村集体经济组织负有经济责任的人员进行审计。经济责任审计的主要对象是农村集体经济组织负责人、农村集体经济组织所属企业厂长（经理）及经营负责人的经济责任、任期目标和离任责任等。经济责任审计的目的是考核责任人的经济责任落实情况，促进经济责任人严格执行政策，奉公守法，按期完成任务，发展壮大集体经济，为村民谋福利，同时也为相关人员职务晋升提供依据。

二、按照审计的执行机构分类

按照农村集体经济组织审计的执行机构分类，可分为内部审计和外部审计。

（一）内部审计

内部审计是指内部审计机构或审计人员在本单位负责人领导下，依照国家法律法规和政策规定，对本单位及所属单位进行的审计。农村集体经济组织内部审计，主要是指在农村集体经济组织负责人领导下，由农村集体经济组织内部审计人员对本组经济活动等开展的审计。内部审计人员由本单位财会人员以外的人员担任，比较熟悉情况，因而容易发现问题，有利于查错防弊，加强内部管理。但内部审计往往受到本单位利益的制约，审查难以彻底，发现问题也难以处理。

（二）外部审计

外部审计是指本单位以外的审计机关和审计人员对本单位实施的审计。农村集体经济审计体现外部审计功能，主要依据地方法规规章的规定，包括3个方面：一是农村经营管理部门的审计机构和审计人员对农村集体经济组织的审计；二是委托社会审计组织对农村集体经济组织涉及经济案件的有关事宜进行的审计；三是国家审计机关对农村集体经济组织使用农田水利资金、救灾资金等财政资金进行的审计。外部审计工作能够依法独立开展，可以不受被审计单位的干预，监督较为有力，审计处理意见能够得到较好落实。

三、按审计进行的时间分类

按审计进行的时间分类，可分为事前审计、事中审计、事后审计。

（一）事前审计

事前审计是指审计机构或审计人员在经济业务发生前，对经营计划、预算方案、经济合同等内容的可行性、合理性和正确性进行的审计。事前审计有利于避免决策的重大失误，起到防患于未然的作用。但事前审计的不确定因素较多，涉及范围广，审计工作有一定难度。

（二）事中审计

事中审计是指在计划、预算或投资项目执行过程中，对相关经济活动进行的审计。例如，费用预算、消耗定额执行过程的审计以及基本建设项目施工阶段的审计都属于事中审计。事中审计既是前一阶段经济活动的事后审计，又是后一阶段经济活动的事前审计。事中审计的优点是随时审查，随时发现错误和问题，及时纠正和控制，从而实现对经济活动的实时控制。事中审计一般适用于内部审计。也可以说，它是内部审计部门所进行的日常审计。

（三）事后审计

事后审计是指经济业务发生后开展的审计，即在一个会计期间终了或基建工程竣工后，对被审计单位的财务报表和工程决算报告进行的审计。事后审计目的主要是根据有关审计证据，审查已经发生的经济业务的真实性、合法性和经济效益。事后审计的审计资料较为齐全，审计证据较为充分，因而审计结果较为可靠。事后审计是国家政府审计、内部审计和社会审计的主要形式。

四、按照审计的范围分类

按照审计的范围划分，可以分为全部审计和专项审计。

（一）全部审计

全部审计也称全面审计，是指对被审计单位某一时期的全部经济活动的真实性、合法性和经济效益进行的审计。全部审计的优点在于审查范围广泛，详细彻底，有利于全面评价被审计单位的经济活动，审计效果较好。但全部审计工作量较大,费时费力,除了需要详查的重大案件外,一般不采用。

(二)专项审计

专项审计也称部分审计或专题(案)审计,是指对部分会计资料及其所反映的经济活动的真实性、合法性和经济效益进行的审计。这类审计一般都有特定的目的。由于审计的内容仅限于与其特定目的有关的经济活动和会计资料,因而审计结果容易发生失误。专项审计对被审计单位所作的评价也是局部的,不是全面的。专项审计只要达到预定目的,就可以宣告结束。

五、按照审计工作是否定期开展分类

按照审计工作是否定期开展划分,可分为定期审计和不定期审计。

(一)定期审计

定期审计是指每到一定时间都要进行的审计。在我国,较为常见的定期审计是在年度终了后,对被审计单位的财务报表和年度决算进行的审计。定期审计一般是常年进行。定期审计的第一次审计,往往被称为初次审计,以后各次审计,被称为继续审计。初次审计的工作量较大,继续审计因有初次审计的基础资料,工作量可适当减少。

(二)不定期审计

不定期审计是指不确定审计时间,而临时进行的审计。不定期审计一般是由于特殊需要或临时任务,而进行的非计划内的审计。例如,发现某部门、某单位有严重违反财经法纪的行为,审计机关进行突击性审计,或者根据司法机关的委托,对某项案件进行专案审计等都属于不定期审计。

六、按照执行审计的地点分类

按照执行审计任务的地点划分,可分为报送审计和就地审计。

(一)报送审计

报送审计又称送达审计,是指被审计单位将各项预算、计划、会计报表和其他资料,按照规定的日期(月、季、年)送达审计机构进行审计。送达审计一般适用于收支审计。情节严重的财经法纪审计,则不宜采用。

(二)就地审计

就地审计是指由审计机构派出审计人员到被审计单位进行的现场审计。就地审计一般适用于经济活动频繁,审计内容较多,且有些项目需要通过实

地审查才能确定问题性质的审计对象。经济效益审计和专题（案）审计一般采用就地审计方式。就地审计是国家审计机关、内部审计部门和社会审计组织审计的主要类型。就地审计按照不同的情况，又可分为：一是驻在审计，即审计机关派出审计人员常驻在被审计单位进行的经常性审计；二是巡回审计，即由审计小组对一个地区内的单位，依次轮流进行审计；三是专程审计，即审计人员为了查明某些问题，专程到被审计单位进行的审计。

除上述划分标准外，审计还有其他分类标准，这里不再赘述。各类审计都各有特点，在不同情况下，产生不同的作用和效果，如果选用得当，能够提高审计工作质量和效率。在实际工作中，各类审计是相互交错的，很难截然分开。审计人员在审计时，应当针对审计的内容和要求，根据实际情况选用符合实际需要的审计类型组织开展审计工作，以便更好地完成审计任务。

第二节　农村集体经济审计常用方法

审计方法是指在审计过程中，审计人员收集审计证据所运用的方法和手段的总称。不同种类的审计，其目的和要求是不同的，选用的审计方法也不尽相同。审计方法是否选用适当，与审计结论有着密切的联系。审计方法选用恰当，可以缩短审计时间，节省人力物力，尽快发现问题，弄清事实真相，完成审计任务。因此，正确运用审计方法，对搞好审计工作、发挥审计作用具有重要意义。

一、审计方法的选用原则

每种审计方法都有特定目的和适用范围。选用审计方法时，应当遵循以下原则。

（一）与审计目的相适应

审计方法的选用是为完成审计任务、实现审计目的服务的，选用的审计方法必须与审计目的相适应。否则，审计的结果就可能与审计目的相背离。例如，农村集体经济组织财经法纪审计的审计方法一般可采用查询、函证、分析性复核等，农村集体经济组织财务审计工作中，对重大问题可采用详查法，一般问题则可采用抽查法。

（二）与被审计单位的具体条件和实际需要相适应

选用审计方法必须结合被审计单位的具体情况和实际需要，反对主观臆断和脱离实际的做法。例如，被审计单位内部控制制度健全、经营管理得当、财会工作有条不紊，就可以采用局部审计或抽样审计的方法。反之，则必须采取全部审计或详细审计的方法。

（三）与审计主体的性质和任务相适应

由于审计主体的性质及其担负的任务不同，它们所采用的审计方法的侧重点也就有所不同。

（四）与审计方式或审计地点相适应

一般而言，审计工作地点不同，采用的审计方法也就不同。例如，查询法、口头询问法、现金和实物监盘法比较适合就地审计方式，而报送审计方式下，则多运用函证等方法。

审计方法的选用应当综合考虑审计项目的性质、目的和条件，不能盲目使用。审计人员不仅要熟悉各种审计方法之间的联系和区别，而且还应灵活运用，在保证审计效果的基础上，提高审计工作效率。

二、审计方法

目前，我国常用的审计方法，按照审计工作的先后顺序、审计工作的范围或繁简程度，分为一般方法和技术方法。顺查法和逆查法属于一般方法，详查法和抽样法则属于技术方法。一般方法和技术方法对审计取证没有直接联系，不是审计取证的具体方法。在审计工作中，要直接取得审计证据，还得依靠审计的技术方法。审计的一般方法的具体内容如下。

（一）顺查法与逆查法

审计的一般方法，按照审计取证的顺序与会计业务处理程序的关系，有顺查法和逆查法之分。

1. 顺查法

顺查法又称正查法，是指取证顺序与反映经济业务的会计资料的形成过程相一致的方法。首先审查核对原始凭证和记账凭证；其次将记账凭证与明细账、日记账和总账进行核对；最后将总账、明细账和会计报表进行核对以及进行报表分析。对审查核对中发现的问题，应进一步分析原因，查明真相。顺查法由于审查工作细致、全面，不易发生疏漏。所以，对于内部控制制度不够健全，账目比较混乱，问题较多的被审计单位，顺查法较为适宜。其缺点是工作量大，费时费力，不利于提高审计效率、降低审计成本。

2. 逆查法

逆查法亦称倒查法，是指取证顺序与反映经济业务的会计资料形成过程相反的方法。先从审阅、分析会计报表入手，根据发现的问题和疑点，确定审计重点，再来审查核对有关账册和凭证，而不必逐一审查报表中的所有项目。逆查法的优点在于可以节省审计的时间和人力，有利于提高审计工作效率和降低审计成本。缺点是要求审计工作人员必须具有一定的分析判断能力和实际工作经验。如果审计人员分析判断能力较差，经验不丰富，往往在审阅报表过程中难以发现问题，或者分析判断不正确，以至于影响审计效果。

必须指出，顺查法和逆查法各有不足之处。在审计工作中，应当将两者结合起来运用，在顺查过程中可以采用一定的逆查方法。逆查过程中也可采用一定的顺查方法。两种方法结合使用，从而取长补短，提高审计效果和审计效率。

（二）详查法与抽样法

按照审查经济业务资料的规模和收集审计证据的范围大小，审计方法又有详查法和抽样法之分。

1. 详查法

详查法是指对被审计单位一定时期内的全部会计资料包括会计凭证、账簿和报表，进行详细审查，以判断被审计单位经济活动的合法性、真实性和经济效益的方法。详查法的优点是容易查出问题，审计风险较小。缺点是工作量较大，审计成本较高。所以，在实际工作中，一般只有对问题严重、需彻底检查以及经济活动很少的小型企事业单位审计时采用。

2. 抽样法

抽样法是指从被审计单位一定时期内的会计资料包括会计凭证、账簿和报表，按照一定的方法抽出其中一部分进行审查，借以推断总体有无错误和舞弊，进而判断评价被审计单位经济活动的合法性、真实性和经济效益的方法。运用抽样法时，若在抽查的样本中没有发现明显的错弊，则对未抽取的会计资料可不再审查。反之，则应扩大抽样范围，或改用详查法。抽样法的优点是可以减少工作量，降低审计成本。缺点是有较大的局限性，如果样本选择不当，就会使审计人员做出错误的结论，审计风险较大。为了避免发生这种情况，采用抽查法时审计人员通常要对被审计单位的内部控制制度进行评价，增强审计结论的可靠性。

在运用抽样法的过程中，审计人员应特别重视所选取的样本是否能够代表总体，否则就不能保证由抽样结果推断到总体特征具有合理性和可靠性。

样本选取的方法有很多种，审计人员应当结合审计对象的具体情况选用恰当的方法。常用的样本选取的方法有任意选样、判断选样和随机选样等。在实践中，往往结合起来使用。

（1）任意选样。即在所有被审查的资料中，任意选取一部分作为样本进行审查的方法。任意选样虽很简便，但由于样本是由审计人员任意选取，缺乏一定的科学依据，带有很大的盲目性，难以保证审计工作质量，一般很少采用这种方法。

（2）判断选择。即审计人员根据审计项目的具体情况，结合自身的实际经验和观察能力，通过主观判断，有重点地从总体中选取一部分样本进行审查的方法。此法由审计人员根据实际经验和观察能力，结合审计目的、被审计项目的重要程度及其发生问题的可能性，以及被审计单位内部控制制度的完备程度等来确定选样的对象、时期和数量。例如，审查被审计单位流动资金周转迟缓的原因时，可将经常积压的商品、原材料作为选样的对象。在审查商品材料账户时，可以将贵重商品和稀有金属材料作为选样对象。对于选样时期，一般可以根据资金使用的规律确定。例如，突击花钱和滥发奖金、实物等行为，一般在月末、年终时发生，则可以将月末或年终作为选样的时期。可以根据资金占用额的多少确定选样的重点。例如，某月份库存产品大幅度增加或材料物资大量积压，就可以将这个月份作为选样的重点。对于选样的范围或数量，一般可以根据有关账户余额的大小确定，账户余额大的一般比余额小的账户更为重要，选取的样本数量就应当多一些。

判断选样的优点是简便、灵活，适用范围较广。财务审计、财经法纪审计、经济效益审计都可采用，是现代审计的基本方法之一。缺点是纯粹依靠审计人员的实际经验和判断能力，不能保证审计抽样对象、时期和范围的科学性。如果审计人员业务素质不高，采用判断选样法就很难做出客观公正的审计结论。

（3）随机选样。主要是随机从总体中选取部分样本，根据样本的特性，运用数理统计方法由样本推断出总体，以得出与总体特性相吻合或接近的审计结论的方法。随机选样的特点是总体中的每一个体都有可能被抽中，可避免因审计人员的主观判断带来的种种影响。随机选样又可划分为简单随机选样、系统随机选样、分组随机选样和整群随机选样。随机选样的缺点是随机性较大，容易使审计结果失误，影响审计工作质量。

①简单随机选样：包括编号选样法和随机数表法。编号选样法。首先，确定抽样规模即抽样的比例数，从总体中随机抽取样本；其次，将被查样本顺序编号，按号填制标签，并将标签打乱，依照抽样的比例数随机抽取；最

后，将抽出的标签，按号找出相同号码的原被查样本，即可组成抽样对象。随机数表法。如果总体中包含着大量的个体，不便于采用上述编号抽样法时，则可采用随机数表抽样法（简称随机数表法），即利用随机数表进行随机抽样。具体做法：先将总体中各项目依次连续编号，也可沿用原有项目的号码，如账页号、支票号等；而后，确定随机起点和路线，通过查找随机数表选取样本，直至选足预定的样本数量为止。

②系统随机选样：也称等距随机选样。首先，根据总体与样本容量算出选样间隔或抽样距离；而后，在第一个间隔内选取随机起始点，在每一个选样间隔内，依次序、同比例抽取样本项目。例如，总体数量为500，样本容量为50，选样间隔为10，则等距系列为（1-10）（11-20）（21-30）（31-40）（41-50），然后，在第一个等距系列（1-10）中随机抽取一数，假定抽取其中间数5，则以后在每一个选样间隔中，即等距离地抽取其样本项目为15、25、35、45……这些样本项目即可组成为等距离随机选样样本。由于各个号码之间的距离是相等的，所以，也叫等距随机选样。

系统随机选样也可在抽样个体数（假定为100）与样本总体数（假定为1 000）之间确定其比例数为10∶1，并在样本中任取一个顺序号，假定为101，则以此数为基础，以10向上递增为111、121、131、141……或以10向下递减为91、81、71、61……这些编号的原始凭证，即为抽样样本。

应该指出，此法要求总体特征必须分布均匀，这样，抽取的样本，才有代表性。

③分组随机选样：也称分层随机选样。先按一定标准如金额、数量，将总体（全部样本）分成若干组（层次）；然后，在各组中按照不同要求，运用各种随机选样方法，如简单随机选样、等距随机选样等，抽取一定数量的样本项目进行综合分析；根据分析结果，对总体做出审计结论。例如，将销货凭证按照金额大小分为三组，采用不同选样方法，抽取样本（表2-1）。

表2-1　分组随机选样

组别（层次）	分组标准（凭证金额）	凭证数量（张）	抽查率（%）	抽取样本数量（本）	抽样方法
1	3 000元以上	100	100	100	全部审查
2	1 000~3 000	1 000	20	200	系统随机抽样
3	1 000元以下	500	10	50	简单随机抽样

④整群随机选样：也称整体随机选样。先将总体项目按照一定标准分成若干群，而后运用等距随机选样等方法，按群抽取样本项目。整群随机选样

的特点是每次抽取的样本数量包括一个群，每个群的样本数量虽不相等，但不至于只有一个样本。例如，每月抽查月初、月中和月末3天的发料凭证，每抽查一天，就有一群数量不等的发料凭证。假设某企业一年内共启用银行支票簿30本（每本50张），如果从中随机抽取5本，则抽取的支票存根就250张，即有大量的样本可供审查。

第三节 审计技术方法

审计的技术方法是指审计人员收集审计证据时采取的技术手段或方法，一般包括检查、监盘、观察、查询及函证、计算和分析性复核等。

一、检查

检查是审计人员审阅与核对会计记录和其他书面资料的行为。

（一）会计记录和书面文件的审阅

审计人员通过审阅被审计单位的会计凭证、账簿、报表以及其他书面资料，找出问题和疑点，作为审计线索，进一步确定审计重点和审计程序。

1. 会计凭证的审阅

会计凭证包括原始凭证和记账凭证，通常以审阅原始凭证为重点。

审阅原始凭证时，应当重点检查以下内容：一是原始凭证反映的经济业务是否符合国家法律法规和政策规定，内容是否合法、合理；二是原始凭证的格式是否规范，是否注明出具发票的单位，凭证的编号是否连续，是否加盖出票单位公章，经手人是否签章；三是原始凭证的项目，包括抬头人名称、日期、数量、单价、金额等是否填写齐全，数字计算是否正确，字迹有无涂改。

审阅记账凭证时，应当注意：一是记账凭证上注明的附件数量与所附原始凭证数量是否相符，记账凭证的内容与原始凭证是否相符；二是记账凭证的填制手续是否完备，有无制证人、复核人和主管人员的签章；三是记账凭证上会计分录是否正确。

2. 账簿的审阅

账簿包括总账、明细账、日记账和各种辅助账，其中以明细账和日记账为重点。总账的登记依据主要是各种记账凭证及其汇总表，反映的是汇总数字，除具有与明细账、日记账核对的作用外，总账本身一般发现不了问题。

审阅账簿时，应注意：一是各种明细账与总账有关账户的记录是否相符，有无重登、漏登情况；二是账簿记录是否符合记账规则，有无涂改和刮擦等情况，账簿登记错误，是否按规定的方法进行更正；三是更换账页或启用新账时，承上启下的数字是否一致；四是根据摘要内容，审阅账簿登记的经济业务是否正常，有疑问时还需核对会计凭证，重点关注应收款、应付款等容易发生问题的账户。

3. 报表的审阅

重点审阅资产负债表、收益及收益分配表等会计报表。

审阅会计报表时，应注意：一是报表中填写的项目是否齐全，项目对应关系是否正确，资产负债表中的资产总额与负债及所有者权益总额是否相等，资产与负债各项目之间的对应关系是否正确；二是报表的编制手续是否完备，编报人、审核人是否签字盖章，数字计算是否准确；三是会计报表附注和说明是否规范。

4. 其他记录的审阅

其他记录虽然不是会计资料的重要组成部分，但有时从中也可以发现一些问题，并作为审计线索。其他记录包括合同、协议、资产物资盘点表等。

（二）会计记录的核对

审计人员通过对账证、账账、账实和账表之间进行相互核对，核实双方记录是否相符，账实是否一致。通过核对，找出差错，并分析产生的原因：是由于工作疏漏造成的，还是弄虚作假，进行违法活动。如果发现有不符情况，则应进一步采用其他方法进行跟踪审查。

1. 账表核对

账表核对是指将报表项目与有关账簿记录进行核对，以验证报表指标的真实性和完整性。核对时，一般以账簿记录为基础核对报表项目，但在逆查法下，一般以报表项目为基础核对账簿记录。核对的内容主要是报表金额与总账和明细账有关账户的金额是否相符，以及不同报表之间的有关金额是否相符。

2. 账账核对

账账核对是指将有关账簿记录进行相互核对，包括总账与明细账、日记账之间的核对，核对的目的在于查证双方记录是否一致。如不一致，则应进一步抽查会计凭证，进行账证核对。另外，有些账簿记录本身也应进行核对，如总账各账户的借方余额合计数与贷方余额合计数是否相符。如果不符，则说明存在记账错误，应进行账证核对。

3. 账证核对

账证核对是指将明细账和日记账的记录同记账凭证进行核对，以查实所有凭证是否都已记入有关账簿，是否存在重记、漏记情况，以及账簿记录的内容、金额是否与记账凭证相一致。

4. 账实核对

账实核对是指明细账记录与实物相核对，以查明账面数与实存数是否相符。如果不符，应根据实存数及时调整账面记录。核对时，可以由两人配合进行，即由一人读账，另一人对账。这样，容易发现重登、漏登等情况。对于已经核对无误的账目，审计人员应在原记录的右方做适当标记，以免将来重复核对。对于核对不符的账目也应做好标记，以便今后进一步加以审查。

二、监盘

监盘即监督盘点，是指审计人员现场监督被审计单位盘点实物、现金及有价证券等资产，并进行适当的抽查。盘点是验证账实是否相符的重要方法。盘点主要有突击盘点和通知盘点两种方式。突击盘点一般适用于现金、有价证券及其他贵重物品的盘点。通知盘点适用于固定资产、在产品、产成品和其他财产物资的盘点。盘点对象如果不在统一地点，应当同时盘点，以防止被审计单位转移实物。对已经清点的对象应做好标记，以免重复盘点。一般而言，盘点工作应由被审计单位进行，审计人员现场监督。对于重要项目，审计人员还应在经管人员在场情况下进行抽查，并做好抽查记录。盘点结束后，审计人员应会同被审计单位有关人员编制盘点清单，并根据盘点情况调整账面记录。盘点清单作为审计报告的附件。审计人员监盘实物资产时，应同时关注其质量及所有权。

三、观察

观察是审计人员实地查看被审计单位的经营场所、实物资产、有关业务活动及其内部控制执行情况的行为。

四、查询及函证

查询即审计人员对有关人员进行的书面或口头询问。

函证是审计人员为印证被审计单位会计记录记载事项的真实性，向第三方发出询证函的行为。如果对方没有回函或者审计人员对回函结果不满意，审计人员应实施替代审计程序，以获取必要的审计证据。

五、计算

计算是审计人员对被审计单位原始凭证及会计记录中的数据所进行的验算或另行计算。审计人员在审计过程中往往需要对会计凭证、账簿和报表的数字重新计算，以验证其是否准确无误。计算工作虽然机械、繁琐，但意义重大，因为数字计算错误或故意歪曲计算结果，直接影响会计资料的正确性。计算的内容包括：会计凭证中的小计数和合计数；账簿中小计数、合计数和余额数；报表中的合计数、总计数和比率数；有关计算公式的运用结果等。账簿中的承前和续后的合计数必须重算，防止记账人员舞弊。

六、分析性复核

分析性复核是指审计人员对被审计单位重要的比率或趋势进行的分析，包括调查异常变动，重要比率、趋势与预期数额的差异。通常情况下，在审计过程中，审计人员都将运用分析性复核的方法。对于异常变动项目，审计人员应重新考虑审计程序是否恰当，必要时应当追加审计程序，以获取必要的审计证据。分析性复核常用的方法有绝对数比较分析和相对数比较分析两种。

（一）绝对数比较分析

绝对数比较分析是通过某一会计报表项目与其既定标准的比较，判断其差额是否在正常范围，以获取审计证据的方法。绝对数比较分析中的既定标准，可以是本期计划数、预算数或审计人员的计算结果，也可以是本期同行业标准。在绝对数比较分析中，若发现差额出现异常，审计人员应分析产生的原因，若发现可疑之处，应扩大审查范围，查实是否存在差错或舞弊现象。

（二）相对数比较分析

相对数比较分析是通过对会计报表中的某一项目同与其相关的另一项目相比所得的数值，与既定的标准进行比较分析，以获取审计证据的方法。相对数比较通常是对被审计单位财务比率指标的比较分析，例如流动比率、速动比率、应收账款周转率、净资产利润率等。审计人员应结合被审计单位的行业背景、生产规模和经济环境等因素，判断各项比率指标是否正常，分析产生的原因，并决定是否有必要扩大审查范围。

第四节　审计分类和审计方法的关系

一、审计方法之间的关系

每种审计方法都有其适用范围和特定目的。但在审计实践中,各种审计方法往往配合使用。审计的一般方法和技术方法有时只有结合起来使用,才能充分发挥各自的作用。选用审计方法时,应当考虑实际情况,不能机械选用。例如,在运用监盘法时,应当根据财产物资的类别考虑结合使用何种其他方法。对于贵重物品的盘点,为了确保不发生漏盘,应结合运用一般方法中的详查法,但对于大堆散放且价值较低的沙石料,实行全面盘点有困难,则可以与一般方法中的抽样法结合使用。另外,一般方法中的逆查法一般与抽样法结合使用。但对抽查中发现的重大问题,应扩大审查范围,必须采用详查法。

运用审计技术方法时,有时也需要几种方法结合使用。例如,在会计报表审计中,如果采用检查法发现问题和疑点后,就应结合其他方法,深入追查;对账表、账账和账证之间进行核对时,也可以采取查询和函证法,通过口头询问或者函证与客户核对往来款项,对于性质严重、数额较大的债权债务也可派专人或委托当地审计机构就地检查。分析性复核在会计报表审计中应用相当广泛。在审计准备阶段,审计人员必须运用分析性复核确定其他审计程序的性质、时间及范围;在审计实施阶段,分析性复核则直接作为实质性测试程序,以收集与账户余额和各类交易相关的证据;在审计终结阶段,分析性复核则用于对被审计会计报表的整体合理性做最后的复核。但是,运用分析性复核的前提,是必须保证报表指标正确性。这就需要结合采用检查、函证和计算等方法。而对于一般方法中的顺查法和逆查法而言,在实际工作中二者也应结合起来使用,以提高审计工作质量和效率。

由此可见,各种审计方法不是孤立的,而是可以相互结合、灵活运用的。审计方法与审计质量的关系甚为密切,审计方法如果选用不当,必然影响审计质量。因此,结合各种审计方法的特点和审计工作的要求,选用恰当的审计方法,是确保审计质量、充分发挥审计作用的关键。

二、审计方法与审计分类之间的关系

审计按照不同标准,可以分为多种类型。不同类型的审计,其采用的审计方法也有所不同。只有正确处理好审计方法与各类审计之间的关系,才能

取得充分、有效的审计证据，达到预期目标。

全部审计由于审计范围广泛，采用详查法，工作量大，费时费力，并且效果不一定优于抽样法。因此，除特殊情况外，一般适宜采用抽样法。又如局部审计，特别是专案审计，由于审计范围不大，审计工作量不大，为了保证审计质量，一般可以采用详查法，进行全面审计。详查法与抽样法有时可以相互转换。局部审计中，对于已发现的情节严重的违反财经法纪的事项，可以扩大审查范围，进行详查。全部审计时，对于数量大、金额小的审计事项，可以进行抽样审计。

事前审计时，一般可以采用分析性复核。事后审计主要是对期末财务报表的审计，一般可以采用检查、查询和函证等方法。事中审计可以采用的审计方法比较广泛，基本上包括了所有的技术方法。财经法纪审计一般是局部审计，通常采用详查法。经济效益审计一般以抽样法为主。

各类审计目的和作用有所不同，但在审计实践中，它们是相互联系，相互交错的。因而，审计时只有结合各种审计方法的特点，综合加以运用，才能收到较好的效果。

第三章 农村审计程序

第一节 审计程序概述

审计程序是保证实现审计目标的手段,只有设计并遵循科学合理的审计程序,审计人员才能收集到具有充分证明力的审计证据,对审计事项做出评价。农村集体经济审计程序有广义和狭义之分。本章主要介绍广义的审计程序。有关狭义的审计程序,将在有关章节中阐述。

一、审计程序的概念

广义的审计程序,是指审计工作从开始到结束的工作步骤、内容和顺序。审计程序按照时间顺序,可以划分为3个阶段:准备阶段、实施阶段和终结阶段。

依法按照一定程序开展审计是审计工作的重要方面,有关的审计法律法规中对审计程序都有明确规定。(2003年6月1日开始施行的《内部审计基本准则》第三章规定了内部审计的程序;2006年6月1日开始实施的经过修改的《审计法》第五章规定了国家审计程序;2007年11月8日实施的新修改的《农村集体经济组织审计规定》第四章规定了农村集体经济组织审计程序。)

审计程序规范化对审计工作而言,具有十分重要的意义:一是有组织、有计划、有步骤开展审计工作的保证;二是有利于降低审计风险,提高审计工作质量;三是有利于审计人员掌握审计工作规律,管理和控制好审计工作;四是有利于提高审计工作效率。

二、审计程序的内容

根据《审计法》和《农村集体经济组织审计规定》的有关规定,农村集体经济组织审计程序主要包括以下内容。

(一)编制审计项目计划

农村集体经济审计机构应根据同级人民政府和上级业务主管部门的要

求，结合当地农业农村经济工作中心任务，确定整个年度的工作重点和审计项目，编制审计计划，对辖区内的审计对象，有计划、有步骤、分期分批进行审计。

（二）制定工作方案

农村集体经济审计机构应根据年度审计项目计划，组成审计工作小组，拟定审计工作方案，确定审计事项、范围、时间和内容，经有关部门批准后实施。

（三）下达审计通知书

审计方案确定或审批后，农村集体经济审计机构应当向被审计单位下达审计通知书，通知被审计单位。被审计单位接到通知后，应积极做好相关准备，提供必要的工作条件，配合做好相关工作。

（四）收集审计证据

审计小组和审计人员通过审查会计凭证、账簿、会计报表，查阅与审计事项有关的文件、资料，检查现金、实物、有价证券，向有关单位和个人进行调查，收集、整理审计证据。

（五）提交审计报告

审计小组对审计事项进行审计后，要根据审计的情况、发现的问题及获取的各种证明材料，进行综合分析，向农村集体经济审计机构提交审计报告。

（六）做出审计决定

农村集体经济审计机构应审定审计报告，对审计报告做出评价，做出审计结论和决定，出具审计意见书，通知被审计单位和有关单位执行，并向农民群众公布。

（七）检查执行情况

农村集体经济审计机构应当定期检查审计决定的执行情况。

（八）建立审计档案

各级农村集体经济审计机构必须对办理的审计事项建立审计档案，确定保管期限，以备查考。未经批准，不得任意销毁。

第二节 审计准备阶段

农村集体经济审计的准备阶段，是指审计人员到达被审计单位前，事先做好有关准备工作的阶段。准备阶段是审计工作的起点和基础，直接影响审计工作的质量和效果，在审计程序中具有重要地位。审计的准备阶段一般包括编制审计项目计划、制订审计工作方案、下达审计通知书等几个方面。

一、编制审计项目计划

农村集体经济审计项目计划，是农村集体经济审计机构一定时期（通常为一年）对需要审计的事项所作的具体规划。

（一）确定审计项目

农村集体经济审计机构开展审计工作，通常是按照审计项目组织实施的。选择和确定农村经济审计事项，要紧紧围绕中央农业农村工作重点，并结合当地发展目标和工作中心。

农村集体经济审计事项主要包括：资金、财产的验证和管理使用情况；财务收支和有关经济活动及其经济效益；资金、资产、资源管理制度的制定和执行情况；承包租赁合同的签订和履行情况；收益（利润）分配情况；承包费、租赁金、土地补偿费等集体资金的管理和使用情况；村集体公益事业建设筹资筹劳情况，一事一议资金的筹集、使用情况；村集体经济组织负责人任期目标和离任经济责任；侵占集体财产等损害农村集体经济组织利益的行为；乡（镇）经管站代管的集体资金管理情况；国家下拨的专项资金、补贴款的管理使用情况，社会捐赠资金、物资的使用情况；当地政府和群众要求的审计事项。

（二）了解被审计单位情况

审计项目确定后，农村集体经济审计机构应当针对审计项目，初步调查了解被审计单位的基本情况。

1. 查阅被审计单位的有关资料

包括单位基本情况、规章制度、财务资料、与外部往来的资料以及最近的一些变化情况。

2. 与被审计单位的有关负责人沟通

农村集体经济审计人员应在审计工作开始前，可以采取非正式的形式与被审计单位的有关负责人沟通，沟通后再以备忘录加以确认，也可以召开会议，讨论审计项目的关键事项。沟通的话题或会议的议题，通常包括本次审计的目的、范围、时间安排以及审计小组人员组成等情况。

3. 与被审计单位有关人员沟通

审计人员在审计项目实施前可以根据需要，与被审计单位有关人员沟通，熟悉被审计单位内部控制制度、财务收支和有关经济活动情况，了解审计事项、明确审计重点，充实、调整审计计划。

(三) 确定审计项目计划的内容

初步调查完成后，应根据有关资料编制审计项目计划，审计项目计划一般由文字和表格两部分组成。

1. 文字部分

文字部分主要包括：制定审计项目计划的依据和指导思想；审计工作的重点和要求；完成审计任务的具体措施和要求；完成审计工作的时间和预算安排等。

2. 表格部分

表格部分主要包括：被审计单位名称；被审计单位基本情况；审计目的和依据；审计事项；审计方式；实施步骤；时间安排；项目预算。

3. 审计项目计划的格式 (表3-1)

表3-1　审计项目计划

名称	内容
被审计单位名称	
被审计单位基本情况	
审计目的和依据	
审计事项	
审计方式	
具体实施步骤	
审计时间安排	
审计项目预算	
审计机构负责人审批	年　　月　　日

二、制定审计项目实施方案

审计项目实施方案是审计项目工作的具体安排，指导和控制整个审计过程。

(一) 审计项目实施方案的编制原则

审计小组应根据审计项目计划确定的审计事项制定审计实施方案；审计小组必须充分讨论审计过程中可能出现的问题和应采取的对策，确保方案切实可行；审计小组负责人应根据审计小组成员的特长进行任务分工；审计小组根据审计项目确定的范围、重点以及对象的实际情况，决定审计方法和工作步骤，明确工作要求。

(二) 审计项目实施方案的主要内容

1. 审计依据和目标

明确本次审计是农村集体经济审计机构工作计划安排的，还是同级政府或上级主管部门决定的，或是根据群众来信来访反映或举报的等，并明确审计的目的。

2. 审计范围和内容

主要列明该项目涉及的时间跨度和需要审查的资料。

3. 审计方式和程序

一般采用就地审计方式。

4. 审计人员和审计日期

确定审计小组的负责人和成员名单，以及任务分工，确定审计开始和结束的时间。

5. 审计工作底稿的索引号

按照审计项目可能涉及的方面编写审计工作底稿索引号。

6. 工作步骤

即先审什么，后审什么，以及如何审计等。

7. 方案审定

审计工作方案拟定后，必须经过农村集体经济审计机构负责人批准后方可实施，其修改、补充也必须按照规定程序批准后才能执行。

三、下达审计通知书

审计通知书是农村集体经济审计机构向被审计单位发出的书面通知，是审计小组执行审计任务，行使审计监督权的凭证。

（一）审计通知书的内容

审计通知书应写明审计的内容、范围、方式、要求和时间安排等内容。就地审计要写明审计小组负责人和成员，委托审计应写明委托单位。审计通知书通常包括以下内容：审计通知书文号，密级；审计机关名称，被审计单位名称；审计负责人和审计小组成员；审计的时间，一般只写起始日期，必要时可写明预计终结日期；审计的范围和内容；对被审计单位的具体要求等。

（二）审计通知书的格式

审计通知书的格式比较固定，通知书必须具有标题、文号、密级、主送单位、正文、发文单位、发文时间、抄送或抄报单位等内容。

拟定审计通知书时，行文要规范，文字要准确，目的要清楚。审计通知书分为正本和副本，正本送达被审计单位，副本由审计人员持有。

审计通知书的参考格式如下。

审计通知书

（　　　）审字第　　　号

密级：_____

_____村（组）集体经济组织：

经研究决定，委派（或委托）_____同志为审计项目负责人，_____等同志为审计员，于_____开始对你村（组）_____进行审计，请给予积极配合，并在接到本通知后_____日内做好以下准备工作：

1.

2.

3.

特此通知

××县农村合作经济管理站

（或委托审计单位）签章

_____年___月___日

抄送或抄报单位：

_____

（三）有关规定

审计法规定，审计机关应当在实施审计的3日前，向被审计单位送达审计通知书。被审计单位接到审计通知书后，应该按照通知书的要求，积极主动配合，整理有关文件、会计凭证、账册和报表等资料做好有关准备工作。

第三节　审计实施阶段

农村集体经济审计实施阶段，是指审计通知书下达以后，审计人员组织实施审计工作的阶段，是审计过程中最主要的阶段，关系到整个审计工作的成败，是审计全过程的中心环节。审计实施阶段主要是获取审计证据，具体内容包括以下5个方面。

一、收集有关资料

（一）召开会议沟通情况

审计小组到达被审计单位后，应主动向被审计单位负责人出示证件，说明来意。审计小组可以建议被审计单位负责人主持召开审计工作见面会议，会议内容主要包括：说明本次审计目的、内容、步骤和要求，取得被审计单位干部和财会人员以及群众的支持和配合；明确双方应遵守的审计纪律，提出需要有关人员进行配合等要求；请被审计单位负责人介绍单位基本情况，听取被审计单位的意见；协商确定有关审计事宜。

（二）熟悉掌握基本情况

熟悉掌握被审计单位的基本情况、业务范围、规章制度和人员分工等情况，收集相关资料，主要包括：被审计单位的内部组织结构，党支部、村委会、村集体经济组织之间的关系，具体分工和职责权限，主要负责人、有关人员的任职期限、业务分工，有关规章制度、领导分工文件等；被审计单位的主要生产经营情况、经费来源、主要业务往来关系，有关业务合同、原始凭证资料等；被审计单位有关财务管理制度、会计核算制度和账务处理程序，集体资金、资产、资源管理方面的制度和办法，民主监督、民主管理制度等；被审计单位负责人、业务经办人员、农民群众对被审计事项的看法。

（三）归纳整理资料

对调查收集到的各种资料，要分门别类加以登记，作为审查经济活动的原始资料和依据。同时，建立有关资料的借阅查询制度，防止资料丢失、涂改。资料登记簿的内容包括：资料名称、时间、编号、页码、经手人、登记时间等。

二、检查评价内部控制制度

检查和评价被审计单位内部控制制度是实施审计的基础，通过审查和评价生产经营活动和内部控制的适当性、合法性和有效性，以发现和解决被审计单位生产经营管理中存在的问题。

（一）检查内部控制制度

农村集体经济组织内部控制制度不是表现为某一项制度，而是体现在规章制度中的各种控制措施和办法，包括资金管理制度、资产管理制度、资源管理制度、民主管理和民主监督制度、经济责任追究制度。审计人员应将收集到的内部控制制度整理分类，结合会计资料，检查内部控制制度是否健全，查找制度在贯彻执行中的薄弱环节。同时，审计人员可以采取调查问卷的形式，向被审计单位有关人员咨询。检查完成后，审计人员应当对被审计单位的内部控制制度做出总体判断。

（二）测试和评价内部控制制度

审计人员应凭借专业技能和职业素养实地测试内部控制制度，发现和分析问题。可以选择审计事项的样本，按照业务处理程序亲自履行一遍，详细检查控制程序和相关制度，以证实内部控制制度的有效性。审计人员在检查和实地测试内部控制制度后，应根据收集到的资料和测试结果，分析被审计单位制度在贯彻执行中的薄弱环节，并对内部控制制度做出初步评价。

三、取得审计证据

审计人员应当有重点、有目标地运用各种审计方法审查审计事项，获取充分、有效的审计证据，并在审计工作底稿中详细记载。取得审计证据是审计实施阶段的主要任务。审计人员在取证时，必须注意高度关注审计证据的证明力，有证明力的审计证据应当具备3个条件：一是必须能直接或间接证明审计目的和结论；二是证据本身必须真实可靠；三是证据的来源正当，必须以合法的手段从正当的渠道取得。

四、做好审计工作记录

审计工作记录是审计人员对审计过程中发现的各种有价值的信息所做的记录。

（一）审计工作记录的要求

1. 内容真实

审计工作记录虽不完全等同于审计证据，但许多审计工作记录可以作为证据最终出现在审计报告中。因此，审计工作记录要实事求是地反映审计事项，不得弄虚作假。

2. 记录有价值

审计工作记录应围绕审计工作目的，对审计工作目的有较大证明力的事项，应当详细记载。

3. 能说明具体事项

无论是在何种情况下、对何种内容所做的记录，都要能够真实地反映某一具体事项，并注明该事项的出处，以便复核查证。

4. 履行必要的手续

审计时如果遇到性质比较严重或涉嫌个人舞弊的问题，审计人员除做好记录外，要进一步查对复核，取得相关证据，以证实记录的真实性和有效性，并应由审计小组负责人复核审签。

（二）审计工作记录的格式

根据记录的内容和要求，审计工作记录可分为会计资料审计工作记录、审计工作备忘录和审计调查记录。

1. 会计资料审计工作记录

即专门用于审计查账的工作记录，其格式和应用如下（表3-2）。

表3-2　审计工作记录　　　　　年　月　日

项目名称	记账凭证 日期	记账凭证 号码	会计科目名称	原记录摘要	金额（元）借方	金额（元）贷方	发现的问题	处理意见
记账凭证	3-6	07	银行存款	向信用社贷款修路	28 000		借款手续不全	进一步核查
			长期借款			28 000		
记账凭证	8-9	33	生产成本	仓库翻建	20 000		乱摊成本	限期改正
			应付款项			20 000		

审计工作人员：

2. 审计工作备忘录

即暂时性的临时审计笔录，专门记录审计过程中暂时未能解决的问题，待问题解决后再逐笔勾销。暂时不能解决的问题要及时提请主审人员做出处理决定，如需要进一步调查核实的问题应转入审计工作底稿。格式如下（表3-3）。

表3-3　审计工作备忘录　　　　　　　年　月　日

审计日期	审计对象和内容	审计查出的问题	处理结果	主审人意见

审计人员：

3. 审计调查记录

即审计人员以口头询问方式取得的证据，在记录口头证据时，应当注意：一是调查询问前，必须准备好调查询问提纲，确定重点问题；二是在调查询问过程中，要坚持实事求是，不带有个人偏见；三是调查询问的内容要如实记录，不掺杂个人意见。格式如下（表3-4）。

表3-4　调查记录

编号：

被调查人姓名		所在村组（单位）		职务	
调查时间		调查地点			
调查事项					

调查记录

被调查人：　　　　　　　　　　　　　审计人员：

　　　　　年　　月　　日　　　　　　　　　年　　月　　日

五、编制审计工作底稿

审计工作底稿，是审计人员对取得的证明材料经过分析、整理后按照一定格式编写的笔录，内容包括对审计中发现的问题所做判断和评价，对违纪问题依法提出的处理意见等。审计工作底稿既是审计报告的基础，也是控制审计工作质量的依据，还可供被审计单位以外的第三方审查。所以，编写审计工作底稿是审计过程中一项非常重要的工作。

第四节 审计终结阶段

审计终结阶段，也称报告阶段，是审计程序的最后环节，是反映审计结果的阶段。审计终结阶段一般包括提交审计报告、做出审计决定、监督审计决定执行、建立审计档案等。

一、提交审计报告

审计小组获取审计证据后，应及时整理评价审计证据，复核审计工作底稿，分析归纳问题，并向农村集体经济审计机构提交审计报告。

（一）整理评价审计证据

审计小组应当及时整理和评价审计证据，将个别、分散的审计证据结合在一起，形成具有充分证明力的审计证据，客观评价被审计单位的经济活动，得出正确的审计意见和结论。整理和评价审计证据，主要依靠审计人员的政策水平、专业知识和个人经验。

（二）复核审计工作底稿

审计工作底稿是审计人员根据取证记录独立编写的，在一定程度上存在主观性与片面性，其质量在很大程度上受到审计人员业务素质的影响。因此，必须及时复核审计工作底稿，确定对审计证据的真实性与准确性的证明力，这对形成正确的审计结论具有重要意义。

（三）分析归纳问题

审计工作进入终结阶段后，应当及时总结前一段工作，检查审计计划完成情况，找出审计工作中需要完善的地方，归纳整理分析审计中发现的问题。列入审计报告的问题要有充分有效的证据，认定违法的问题必须要有法律依据。审计小组对审计结论必须取得一致意见，以保证审计结论的客观公正。

（四）撰写审计报告

撰写审计报告是审计工作中最重要的环节，也是审计终结阶段的关键性工作。撰写审计报告时务必对审计事项做出客观、公正的评价，审计结论必须有充分可靠的审计证据作为支撑。审计报告一般包括审计目的、范围、结果、意见和建议。

二、做出审计决定

农村集体经济审计机构在收到审计报告后，应认真研究，做出审计决定，并出具审计意见书。

（一）征求被审计单位意见

审计小组完成审计报告后，审计小组负责人应在审计报告上签字盖章。审计报告报送前，应当征求被审计单位的意见。被审计单位如果对审计报告有异议，应当在收到审计报告之日起10日内提出书面意见。

（二）上报农村集体经济审计机构

审计工作报告在征求被审计单位意见后，如果被审计单位提出书面意见，审计小组应当及时核实有关意见，进一步完善审计报告，并上报农村集体经济审计机构。重大审计事项的审计报告，应当分别报送同级人民政府、上级农村集体经济审计机构和有关部门。

（三）做出审计决定

农村集体经济审计机构应认真审定审计报告，分析和研究审计报告中的问题，做出审计结论和决定，出具审计意见书。一般情况下，审计决定有以下三种：一是对财务收支行为违反规定，并情节较轻的，应当指明并责令自行纠正；二是对违反财经纪律的事项，应在职权范围内做出处罚决定，及时下达给被审计单位，并抄送被审计单位的上级单位和有关部门；三是对违反党纪政纪和触犯法律的事项，连同审计报告，及时移送相关部门处理。

（四）申请复审

被审计单位对农村集体经济审计机构做出的审计决定如果有异议，可在收到审计意见书之日起15日内，向上一级农村集体经济审计机构提出复审申请。上一级农村集体经济审计机构应当在收到复审申请之日起30日内，做出复审结论和决定。特殊情况下，做出复审结论和决定的期限可以适当延长。复审期间，不停止原审计结论和决定的执行。复审结论和决定应当通知被审计单位并发给原审计机构。

三、检查审计决定的执行

农村集体经济审计机构做出审计决定后，应在规定期限内到达被审计单位，检查审计意见书中的审计结论和决定的执行情况，撰写执行情况报告。审计人员在检查审计决定执行情况时，如果发现漏审、错审或被审计单位有隐瞒事实行为,以及不执行审计结论等情况,可以再次进行审计。

四、建立审计档案

审计工作终结时,审计人员应将所有的审计文件、资料,包括审计原稿、工作底稿及有关资料整理归档,建立审计档案,并妥善保管。审计档案的内容包括:审计通知书和审计计划;审计记录,工作底稿和审计证据;反映被审计单位业务情况的书面文件;审计报告及附件;上级机关、领导对审计事项或审计报告的批复和意见;审计意见书及执行情况报告;被审计单位对审计意见和结论的不同意见的申诉和申请复审的材料;其他相关资料。

审计文件资料要按审计案件设立卷宗或按被审计单位设立卷宗,按年份、类别、编号归档。审计档案要有专人专柜保管,注意安全。

第四章 审计依据、证据和工作底稿

第一节 农村集体经济审计的依据

一、审计依据的概念

审计依据又称审计标准，是指对审计对象进行判断评价的准绳，是审计人员提出审计意见和建议、作出审计结论的客观根据。审计依据是被审计单位组织开展经济活动时必须遵守的规则标准。审计人员的责任是恰当、准确地运用审计标准，做出审计结论、提出审计意见和审计建议。

二、审计依据的种类

审计依据根据不同的标准可以分成不同的种类，对审计依据进行分类，可以让审计人员更科学、更准确地认识和运用审计依据。审计依据可以根据不同的分类标准进行分类。

（一）按审计依据的性质分类

按照审计依据的性质，可以把审计依据分为以下几类。

1. 法律和行政法规

法律和行政法规是国家立法机关制定并由国家政权执行的行为规则或文件。例如宪法、刑法、诉讼法、经济合同法、会计法、统计法、企业财务通则、企业会计准则、国务院颁布的审计条例等。

2. 政策、法令、指示

指各级政府制定的有关政策和上级下达的文件以及领导的指示。

3. 规章制度

规章制度是国家机关、社会团体、企事业单位制定的各种规则、章程、制度和办法的总称。

4. 预算、计划、经济合同类

如年初预算、经济合同、农村土地承包合同、协议、收益分配方案和决策方案等。

5. 业务规范、技术经济标准类

如操作规程、质量标准等。

(二) 按审计依据适用的对象分类

按照适用的对象，可以把审计依据分为以下几种。

适用于财务审计的依据：如会计法、统计法、会计准则、财务通则、行业会计和村集体经济组织会计制度及有关财务制度等。

适用于经济效益审计的依据：如经济合同法、商标法、税法等。

适用于财经法纪审计的依据：如国家的法律法规、政策法令、合同契约、业务规范、技术标准等。

三、审计依据的特点

审计依据的特点主要包括审计依据的层次性、时效性、地域性和相关性。

(一) 审计依据的层次性

审计依据按照其制定部门的权威性不同，体现了不同的层次性。从高到低依次应为：国家立法机关制定的宪法和各种法律；国务院颁布的各种法规和政策；国务院各部委发布的办法、规章制度和指令；地方立法机关和行政机构制定颁布的各种政策、办法、规章制度；被审计单位上级主管部门制定的各种规章制度和下达的计划、定额和指标；被审计单位制定的内部控制制度、规划、计划等，以及本单位职能部门所制订的计划和做出的决议等。

(二) 审计依据的时效性

审计依据的时效性是指审计依据不是一成不变的，而是随着时间的推移，不断更新补充。只有这样，才能更好地为纷繁复杂的经济业务审计提供依据。

(三) 审计依据的地域性

审计依据的地域性是指审计依据要受到地域的限制。地区之间的政策有的时候是不一致的，尤其是农村集体经济审计经常要依据该村集体经济组织的上级部门制定的制度、办法、计划等，不同的乡(镇)村在某些具体方面有不同的规定，因此在审计工作中使用审计依据时必须考虑到被审计单位的地域性。

(四)审计依据的相关性

审计依据的相关性是指审计依据要同审计结论相关联。这是由审计工作的特性所决定的。审计工作的目的,是对被审计单位所承担的受托经济责任作出评价,确定被审计单位的受托经济责任,如果审计依据不利于审计人员评价受托经济责任,与审计结论无关,审计依据就失去了意义。因此审计人员选用审计依据,一定要与作出的审计结论和提出的审计意见、建议密切相关。如果有多种审计依据可供选择时,必须选用最能揭示被审计单位有关事项本质的依据作为审计依据。

四、审计依据的原则

审计依据选用是否恰当,对于保证审计工作的质量关系重大,如果审计依据选择和使用不当,将会造成审计评价失误,审计人员所承受的审计风险也会明显增加,因此,必须注意准确、合理、灵活地选择和运用审计依据。选择和运用审计依据应当把握好以下4点。

(一)要注意审计依据运用的准确性

审计依据由一个非常庞大的规范体系组成,其层次多、内容广,审计人员必须准确地选择与审计目标相关的审计标准作为评价依据。当不同的审计依据有冲突时,审计人员应当选择层次高、具有权威的审计依据。

(二)要注意审计依据运用的合理性

审计人员在准确选择了审计依据后,还要对这些依据的合理性予以认定。审计依据运用的合理性的界定内容主要有:一是有关强制性明显的、有效的审计依据;二是可能存在一定的不合理性,但仍然作为被审计单位必须遵循的审计依据;三是经审计人员对其合理性作出评价的、被审计单位自行制定或执行和掌握上较为灵活的审计依据。

(三)要注意审计依据运用上的灵活性

审计人员在运用审计依据时,要能够站在一个全面的高度看待问题,坚持从实际出发,具体问题具体分析,主要把眼前的利益与长远的利益相结合,国家利益、集体利益和个人利益相结合,经济效益与社会效益相结合,客观公正地运用审计依据对审计事项作出评价。

(四)要注意审计依据运用的可靠性

审计人员运用某法规、法令作为审计依据时,必须查对原文件,认真领会文件精神实质,准确地运用审计依据作出审计结论。

第二节　农村集体经济审计的证据

农村集体经济审计的过程，就是收集审计证据并根据审计证据形成审计意见、做出审计结论的过程。收集、鉴定和综合审计证据，是农村集体经济审计工作的核心。

一、审计证据的涵义

审计证据是指审计人员在对农村集体经济组织进行审计的过程中，依法采用各种方法和技术取得的、用以证明审计事项并作为形成审计结论基础的证明材料。审计证据是形成审计意见或做出审计结论的基础。审计证据的质量决定了审计工作的质量，做好取证工作是顺利完成审计任务的重要保证。

二、审计证据的特性

审计人员对被审计单位做出的评价或提出的审计结论具有法律效力，取得充分、适当、具有说服力的审计证据，是形成正确的审计结论的前提。为了正确评价被审计单位的会计报表及其反映的经济活动，审计人员必须注重证据。审计证据具有以下特性。

（一）客观性

审计证据的客观性，是指审计证据必须是客观事实的真实反映，不是臆断、猜测、估计、虚构的产物。对审计事项的判断，必须建立在取得充分、适当的审计证据了解客观真相的基础之上，审计人员不能凭空想象做出审计判断。

（二）相关性

审计证据的相关性，是指审计证据与审计目标或其他审计证据之间存在一定的内在联系。审计证据应与某一具体的审计目标密切相关或与证实某一目标的其他证据有相互印证的关系。审计证据的内在联系越密切，证明力则越强。

（三）合法性

审计证据的合法性，是指审计证据必须依照审计准则和有关法规规定的审计程序取得并且符合法定种类。有些经济事实和资料能证明其客观性，并与审计事项具有相关性，若程序不符合相关规定，亦不能作为审计证据。

(四) 充分性

审计证据的充分性，是指审计证据的数量应当足以证明审计事项的真相，以及支持审计意见和审计决定，客观公正的审计意见必须建立在有足够数量的审计证据的基础之上。审计人员应当尽量以较少的人力、物力耗费取得足够高质量的审计证据。但对于重要审计事项，不应以审计成本的高低或获取证据的难易程度为由减少必要的审计程序。

审计证据必须同时具备上述特性，才能帮助审计人员对种类繁多的经济事实和资料做出正确的判断，防止主观性和片面性。

三、审计证据的分类

对审计证据加以科学分类，有利于取得更合理、更有效、更具有证明力的证据，以达到较好的证明效果，促进审计工作的顺利完成。审计证据按照不同标准，可以进行多种分类，一般可分为以下几种类型。

(一) 按照审计证据的形式分类

按照审计证据的形式，可以分为实物证据、书面证据、口头证据和环境证据。

1. 实物证据

实物证据是以实物形态存在并可以通过实际观察或盘点取得，用以证实实物资产的真实性和完整性的证据。例如，审计人员可以通过监督盘点方式，验证存货的数量。实物证据通常是证明实物资产是否存在的最有说服力的证据。但实物证据，往往不能完全证明被审计单位对该资产拥有所有权，而且实物证据有时还无法对某些资产的价值做出判断。

2. 书面证据

书面证据是指以书面形式存在并以其记载的内容证明审计事项的证据，包括与审计事项有关的各种会计凭证、账簿、报表、会议记录、协议、对账单等。书面证据数量较多、来源广泛，是审计人员取证的主要部分，也是审计人员发表审计意见、形成审计结论的重要基础。

3. 口头证据

口头证据是指根据被审计单位的有关人员对审计人员的提问所做的口头答复形成的证据。口头证据一般可能会带有个人观点，往往具有一定的片面性，可靠性不强，证明力较小，但具有一定的旁证作用。审计人员可以通过收集整理口头证据发现一些线索，从而进一步深入调查取得更加可靠的审计证据。在审计过程中，审计人员应及时加工整理各种重要的口头证据，形成书面记录，并注明时间、地点、被询问者等相关要素，必要时被询问者应当签字盖章。

4. 环境证据

环境证据是指影响审计事项的各种环境状况。如被审计单位建立了内部控制制度，并且在日常经营管理中严格执行内部控制制度的各项规定，这一状况被称为环境证据，为被审计单位会计报表的真实性提供了有力的保证。环境证据一般不属于主要的审计证据，但它可以帮助审计人员了解被审计单位和审计事项所处的环境状况，为审计人员分析判断审计事项提供有用的信息，是审计人员必须掌握的证据。

（二）按审计证据的相关程度分类

按照审计证据的相关程度，审计证据可以分为直接证据和间接证据。

1. 直接证据

直接证据是指对审计事项具有直接证明力，能单独、直接地证明审计事项真相的证据。如有审计人员亲自参加的实物和现金盘点记录，就是证明实物和现金实存数的直接证据。通常情况下，如果审计人员掌握了直接证据，就无须再收集其他证据，可以根据直接证据得出审计结论。

2. 间接证据

间接证据又称旁证，是指对审计事项起间接证明作用，需要与其他证据结合起来，经过分析、判断、核实才能证明审计事项真实性的证据。会计凭证是会计报表的基础资料，但它与会计报表之间没有直接关系，如果对会计报表的公允性加以印证，会计凭证只能作为间接证据。

在审计工作中，仅靠直接证据能够影响和决定审计意见和结论的情况并不多见。一般情况下，除直接证据外，往往需要一系列的间接证据才能对审计事项做出正确的判断。直接和间接是相对而言的，仍以会计凭证为例，会计凭证对于会计报表是间接证据，而对于会计账簿则是直接证据。

（三）按审计证据的来源分类

按照审计证据的来源分，审计证据可以分为自然证据和加工证据。

1. 自然证据

自然证据是指审计人员在审计过程中获取的不需要加工的证据。自然证据既可以从被审计单位获得，如被审计单位的会计凭证、账簿、报表以及其他相关记录，也可以从被审计单位以外的单位或个人获得，如向外单位或个人询证的答复资料、购货发票、银行对账单等。

2. 加工证据

加工证据是指审计人员对书面证据、实物证据等进行分析、整理和制作形成的证据，包括口头证据、内部控制制度调查表、现金盘点表等。加工证据的可靠性和证明力比较强，也不需要再作过多的检查和验证。但是，加工证据也不可避免地存在人为的不确定性，证据的质量主要取决于审计人员的业务水平和判断能力。

审计人员在审计过程中可以得到许多自然证据，但往往不足以对相关审计事项做出判断。在这种情况下，审计人员需设法形成更多的加工证据，以对审计事项做出正确判断，避免审计意见由于缺乏足够的证据而失去公允性。

四、审计证据的收集

审计证据数量众多，来源广泛，形式多样，内容复杂。因此，在收集整理过程中，审计人员应将通过各种途径，运用调查、询问、实地观察等方法收集起来的各种审计证据，包括实物、书面以及口头的证据，加以整理、筛选，使之初步符合审计要求。

五、审计证据的鉴定

审计人员采取一定的方法取得审计证据后，接下来的工作是根据审计目标对审计证据逐个加以鉴定，筛选出具有充分证明力的审计证据。衡量审计证据的证明力强弱的标准主要有：

（一）审计证据的真实性

审计证据的真实性，主要是指审计证据所反映的内容是对客观存在的经济活动极其变化的真实描写。具体包括：审计证据必须是对经济活动的真实反映，其中不夹杂审计人员的主观意见；审计证据中的时间、地点、事实、当事人等要素都准确无误；审计证据所描述的经济活动变化的环境、条件、因果关系真实可靠；审计证据中各种数字、计量单位准确无误；审计证据的语言文字明晰、准确。

（二）审计证据的重要性

审计证据的重要性是判断审计证据证明力的重要标准之一，是审计人员决定审计证据取舍的主要标准。审计证据的重要性与其对审计结论的影响程度有关，重要的审计证据对审计结论的影响程度较大，反之，则较小。评价审计证据的重要程度往往以价值作为依据。例如，审计人员在对价值10万元的材料进行审计时，发现材料短缺，其价值为50元，则通常认为，这种情况对审计结论的影响是微不足道的,不会影响有关存货管理的结论。事实上,价值大小只是衡量审计证据重要性的一个方面,并不决定审计证据本身的质量。审计证据的重要性是相对而言的,没有一个明确的划分标准。

(三)审计证据的可信性

审计证据的可信性包括两个方面:一是审计证据的来源必须可靠;二是审计证据本身必须可靠。一般情况下,审计证据的来源不同,其可信程度也不同。

1. 独立的第三方证据

来自独立的第三方的审计证据,其可信程度要比从被审计单位内部所取得的要大得多,因为这种审计证据往往不受被审计单位领导意志的影响,被修改、加工、伪造的可能性较小。

2. 内部控制制度健全的单位证据

来自内部控制制度健全的被审计单位的审计证据,其可信程度要比来自内部控制制度薄弱的被审计单位的审计证据更为可信。

3. 第一手审计证据

审计人员实地检查、观察、复核、调查取得的第一手审计证据,其可信性要比间接取得的要大。

4. 原始资料

作为审计证据的原始资料要比复印件、草本更为可信。

(四)审计证据的经济性

从理论上讲,为了证实审计结论,审计人员应该取得足够的、具有说服力的审计证据,但审计人员也必须考虑收集、鉴定审计证据发生的成本,即审计证据的经济性。有时因为收集和鉴定审计证据所需成本过高,使得审计人员不得不放弃"理想的"审计证据,而代之以质量略差的证据。审计人员应该选择最有效、最经济的审计方法获取证明力最强的审计证据,以支持审计结论和审计意见。

六、审计证据的综合

审计证据的综合,就是将反映性质相同或相似问题的审计证据归集在一起,进行综合分析,以便从中得出一个比较正确的审计结论。例如,某种库存材料,实物证据即盘点表上列示的数字为55 000元,书面证据即材料明细账记载的数字为70 000元。实存数小于账面数,即盘点短缺15 000元。

根据仓库保管员的陈述、其中5 000元系材料损耗，但尚未办理报损手续，其余10 000元的短缺原因尚未查明。综合分析上述资料，审计人员对该仓库可以得出诸如"该仓库管理混乱，保管不善，内部控制不严，材料短缺、损耗严重"等结论。可见，通过对相关证据的综合分析，审计人员往往可以对审计事项从总体上，提出比较正确的意见和评价。

第三节　农村集体经济审计工作底稿

审计工作底稿，是指审计人员在执行审计业务过程中，形成与审计事项有关的全部审计工作记录，是审计证据的载体。审计工作底稿是审计人员撰写审计报告、表达审计意见的根据。审计工作底稿应当真实、完整地反映审计人员实施审计的全过程，并记录与审计结论或者审计查处问题有关的所有事项，以及审计人员的专业判断及其依据。从某种意义上讲，审计过程就是审计人员按一定的内容和格式系统地编制出一系列工作底稿，并根据审计工作底稿出具审计报告、发表审计意见的过程。

一、审计工作底稿的主要作用

（一）便于审计人员组织审计工作

审计工作底稿是整个审计工作的纽带。在审计过程中，往往是不同的审计人员执行不同的审计程序、审计不同的具体项目，而最终撰写审计报告和发表审计意见主要针对的是被审计单位的会计报表。审计工作底稿能将不同人员的审计工作有机地结合起来，从而便于审计人员组织审计工作，进而对被审计单位整体经济活动发表意见。

（二）便于检查审计人员的工作

在审计各个阶段，审计工作如果由初级审计人员执行，审计负责人应当对他们的工作加强指导和监督。审计负责人可以根据审计工作底稿检查有关人员的工作是否符合要求，以控制审计工作质量。审计机关在审定审计报告时，也可以依据审计工作底稿。

（三）便于编写审计报告

审计工作底稿汇集了所有的审计证据，撰写审计报告可以在分析和综合审计工作底稿的基础上进行。如果审计人员需要对审计结论和决定做出说明和解释时，可以从审计工作底稿中找到相关依据。

(四) 便于今后的审计工作

审计工作底稿中记载了审计的步骤和方法、被审计单位的基本情况以及审计的重点和存在的薄弱环节，今后再次对被审计单位进行审计时，审计人员只要查阅相关工作底稿，就可以了解有关情况，减少工作量，确定审计重点，提高审计工作的效率。

(五) 便于进行复审

被审计单位如果对审计结论和决定有异议，并向上级审计机关提出复审申请时，审计机关可以通过审查审计工作底稿做出复审结论。除了对审计工作底稿中存有疑问的部分需要重新执行必要的审计程序外，一般的工作可以不再重复，从而减轻复审的工作量。如果被审计单位向法院提起诉讼，审计工作底稿也是审计人员是否按照审计准则或审计工作条例的要求，执行了恰当的审计程序的有力证据。

二、审计工作底稿种类

审计工作底稿按性质和作用划分，一般分为综合类工作底稿、业务类工作底稿和备查类工作底稿。

(一) 综合类工作底稿

综合类工作底稿，是指审计人员在审计计划和审计报告阶段，为规划、控制或总结审计工作并发表审计意见形成的综合性工作底稿。这类工作底稿主要包括审计通知书、审计计划、审计报告书初稿、审计总结等综合性的审计工作记录。

(二) 业务类工作底稿

业务类工作底稿，是指审计人员在审计实施阶段执行具体审计程序过程中形成的工作底稿，主要包括审计人员在执行预备调查、符合性测试和实质性测试等审计程序时形成的工作底稿。

(三) 备查类工作底稿

备查类工作底稿，是指审计人员在审计过程中形成的、对审计工作仅具有备查作用的工作底稿，主要包括与审计约定事项有关的法律文件、重要的会议记录和纪要、重要的经济合同和协议、合作社营业执照证明书、经济组织章程等原始资料副本或复印件。

三、审计工作底稿的基本内容与编制要求

(一) 审计工作底稿的基本内容

在审计实践中，不同的审计机构一般使用自己的审计工作底稿，审计工作底稿的形式是多种多样的，但一般具备以下内容。

1. 审计项目名称

审计工作底稿都应注明具体审计项目名称，是审查经营收入还是审查固定资产。

2. 被审计单位名称

审计工作底稿都应注明被审计单位的具体名称。

3. 审计工作的时间或地点

审计工作底稿应记载审计工作的时间，以及资产负债表项目发生的时间、收益及收益分配表项目发生的时间。审计工作底稿还应注明审计的具体地点。

4. 审计过程的记录

审计工作底稿应详细记录审计工作的全过程，包括审计证据的收集和评价情况、对被审计单位内部控制制度的评价、对具体审计事项的测试和评价、审计人员所做的判断以及审计结论形成的过程。除此之外，还应包括反映被审计单位特殊情况的内容。

5. 审计标识及其说明

审计工作底稿一般都有统一的审计标识，同一审计机构内部的审计标识通常是一致的。并且往往附有审计标识说明表。如果审计工作底稿中的标识不是通用的标识，则应当对标识的含义做详细说明。在没有统一的标识可以使用时，审计人员可自行制作，但应说明其含义，以避免发生误解。

6. 索引符号和页码

为便于日后查阅，一般都要求采用一定的、科学的方法给审计工作底稿加上索引号，并且每一页都需注明页码。使用者可以通过查阅审计工作底稿目录，方便快捷地查找到所需工作底稿。

7. 编制者姓名及编制日期

为便于查阅有关事项、明确审计责任，审计工作底稿应写明编制者姓名和编制日期。如果为了减少现场编制工作量，采用了简写签名，则应在工作底稿中加以说明。

8. 复核者姓名及复核时间

审计工作底稿一般需经多层次复核后，才能作为出具审计报告的依据，复核者也应签字盖章并注明复核日期，如果是多级复核应分别签字盖章。

(二) 审计工作底稿的编制要求

具体项目的审计工作底稿可以由审计人员自行编制，也可以直接从被审计单位或其他单位取得，或者要求被审单位人员代为编制。审计人员编制的工作底稿应做到：内容完整、真实，重点突出，观点明确，条理清楚，用词恰当，字迹清晰，格式规范；审计工作底稿之间应当具有清晰的勾稽关系，相互引用时应注明索引号；审计工作底稿所附的证明材料应当经被审计单位或其他提供证明资料者的认定签字，如因特殊情况无法认定签字时，审计小组应当做出书面说明。

(三) 审计工作底稿的复核

为确保审计工作底稿真实、完整和可靠，除按要求认真编制外，还应建立审计工作底稿复核制度。一份审计工作底稿往往由一位审计人员独立完成，编制者对资料的引用、有关事项的判断以及数据的计算，都可能出现差错。因此，审计工作底稿编制完成后，经过多层次复核是十分必要的。复核的主要内容包括：引用的资料是否可靠；获取的审计证据是否充分；审计程序和审计方法是否恰当；审计结论是否正确。复核人在复核工作底稿时，应做必要的复核记录，注明复核意见并签字盖章。复核人在复核过程中，若发现已执行的审计程序和审计记录存在问题，应要求有关人员予以答复、处理，并形成相应的审计记录。

第五章　内部控制制度审计

第一节　内部控制制度概述

内部控制制度，是指农村集体经济组织内部各部门为了保证经营管理工作的高效性，财务报告的可靠性，利用单位内部因分工而产生的相互联系、相互制约的关系所制定的一系列管理方法和措施。对农村集体经济组织内部控制制度进行审计，是整个审计工作，特别是内部审计工作的重要组成部分。

一、内部控制制度的意义

内部控制制度，包括联系和制约两个方面。联系是指当财产、物资、资金发生增减变化时，有关人员之间如何联系，明确职责分工，保证生产经营活动得以顺利进行。制约是指这些人员之间如何相互牵制，相互监督，以督促各有关方面坚持制度，遵守纪律，防止错误发生。

一个经济单位，通过建立一套完整而严密的内部控制制度，把本单位的各种经济活动和互相联系的程序和方法规定下来，使之有章可循，分工协作，互相配合，互相检查督促，自动纠正错误和不协调之处，有利于提供可靠性较强的核算资料和管理资料，有利于提高工作效率和经济效益，有利于计划的完成和预定经济目标的实现。因此，建立健全内部控制制度是现代科学管理的重要组成部分。同时，内部控制制度又是内部审计的基础工作。通过对内部控制制度的审计、检查和评价，从中发现被审计单位的内部控制制度是否健全、完善，已建立的内部控制制度是否得到认真贯彻执行，有无漏洞和薄弱环节等。针对存在的问题，确定审计的重点、范围、程序和方法。所以，对内部控制制度的审计，是整个审计工作特别是内部审计的基础。

二、内部控制制度的作用

农村集体经济组织建立健全完善而严密的内部控制制度，对促进各项经济活动顺利、健康地进行和经营管理水平的提高，具有十分重要的作用。

（一）明确经济责任，有利于岗位责任制的贯彻执行

内部控制制度是以岗位责任为中心的，可以监督控制每个工作人员正确履行所负的责任，做到各司其职，各尽其责，相互联系，相互制约，相互促进，消除薄弱环节，自动检查纠正错误，防止差错舞弊发生，从而保证各项经济活动有组织、有秩序、协调、健康地进行，实现预期的经济目标。

（二）增强法制观念，有利于贯彻执行财经纪律

内部控制制度是对处理各种经济业务、办理各项经济业务手续及其传递程序的规范化和制度化。遵守国家财经纪律，执行单位内部的财务管理等各项管理制度，是单位领导和工作人员的主要任务之一。因此，一个单位在建立了内部控制制度之后，对各项财务收支活动，都要按照内部控制制度的要求，进行严格审查，看其是否符合国家财经纪律，是否有利于维护集体经济利益，加强法制观念和廉政意识，保证财经纪律的贯彻执行。

（三）有利于保护财产物资的安全、完整

财产物资是一个单位进行生产经营活动的物质基础和必备条件，必须确保这些财产物资的安全完整。完善而严密的内部控制制度，通过对财产物资的收、付、入账、出账等内部管理环节，按照明确的责任分工和各项经济业务的处理程序，进行监督与控制，可以有效地制止浪费，防止差错的发生。

（四）有利于保证会计核算质量，提高会计工作水平

有了完善的内部控制制度，可以促使一切会计行为按会计制度的要求，从会计凭证的制证（取证）、审核、监督、出纳、记账、编制报表等一系列会计程序，分别经过有关人员的相互复核与监督控制，使经济行为同会计行为有机地在相互联系、相互制约的条件下进行，从而使会计记录和会计资料的正确性、真实性得到提高，使会计核算质量得到保证，有利于会计工作水平的提高。

第二节　建立内部控制制度的基本原则和内容

一、建立内部控制制度的基本原则

农村集体经济组织建立内部控制制度，一般说，应当遵循以下几个原则。

(一) 职责明确原则

确定单位内部各部门和各有关人员的职权和责任，才能确定他们在处理经济业务时所处的地位和作用。为此，就要确定合理的组织方案，明确规定各职能部门和各工作人员的职能，建立岗位责任制。通过"授权控制""批准授权"来实现各自的职权范围和责任，做到相互联系、互相制约。包括：处理每一项经济业务时，谁核准、谁经办、谁复核、谁验收、谁保管、谁制凭证、谁付款等，都必须有明确的职责范围和责任分工，既不能越俎代庖，也不能互相推诿。某项工作空岗时，必须有明确的代理办法和手续。

(二) 相互制约原则

所谓相互制约，就是要求处理每一项经济业务的全过程，不能由一个人包办到底，必须由几个不同职能的人或部门，按照规定的权限和程度办理。譬如，批准某项经济业务与执行该项经济业务的职能必须分开。在处理每一项经济业务时，必须由几个人或部门经手，按照一定程序分工负责，才能发挥部门和人员的相互制约、相互牵制作用，防止出现差错和舞弊。这是建立健全内部控制制度的重要原则。

(三) 会计独立原则

所谓会计独立，就是账、钱、物实行三分管，即会计、出纳、保管不得由一个人兼任，做到账目记载、资金收付特别是现金收付、实物进出三方面的人员分开，专人负责，便于相互制约和相互监督。

(四) 凭证牵制原则

凭证是证明经济业务发生和确定经济责任的书面证明，是记账的唯一依据。因此，每项经济业务发生后，都必须填制会计凭证，所有凭证必须连续编号，按规定的程序传递，由规定的责任人员签章，然后归档备查。空白凭证必须由专人保管，防止遗失。

(五) 稽核对证原则

为了防止违法违纪事项发生，及时纠正差错，必须充分运用复核与核对等稽核办法，建立复核与核对制度。除了建立健全凭证本身和凭证间的复核和核对制度以外，还应建立账证、账账、账卡、账表的核对制度，账物的核对制度（包括银行往来账的核对与实物的盘存等），以及账证与计划定额、标准或制度的目标进行核对的制度。

(六) 民主理财与群众监督原则

建立内部控制制度，必须坚持同民主理财与群众监督相结合的原则，一些重大建设项目的决策、经营项目的选择、财务收支计划的确定，都应当有群众代表或民主理财小组参与，对财务收支的执行结果，应定期公布，接受群众监督，使之成为群众参与管理和监督控制的一项内容。这样才能促使每个职能部门、每个工作人员更为自觉有效地执行内部控制制度。

(七) 内部审计原则

内部审计是一项独立的监督工作，是控制的再控制。一些规模较大的集体经济组织，要建立独立于会计部门之外的内部审计组织或配备审计人员，对会计制度的执行情况进行检查和监督。内部审计是内部控制的有效措施，是内部控制制度的重要原则。

二、内部控制制度的内容

内部控制制度按其建立的目的划分为：以维护财产安全为目的的各种内部控制制度；以保证会计记录的正确性和可靠性为目的的各种内部控制制度；以提高经济效益为目的的各种内部控制制度等。

按其工作职能范围可划分为：一是内部管理控制制度，是指经济单位根据其主要任务和目标，为合理而有效地进行管理活动而设置的各项管理程序和方法。内部管理控制制度，首先是内部责任制度，它以经济责任制为核心，确定单位行政领导和各职能部门及有关工作人员的职责；其次是各项专业管理制度，如计划管理制度、社务工管理制度、固定资产管理制度、财务开支审批管理制度、成本管理制度、财产物资管理制度、档案管理制度等。二是内部会计控制制度，会计控制制度是指为确保财产的安全完整以及会计记录和会计资料的正确性和真实性而设置的单位内部的各种会计管理程序和方法，主要由会计控制的要求和内部牵制两项内容组成。会计控制要求，单位的一切经济业务活动必须遵守国家的财经法规，财务会计账务处理必须遵守有关的财务管理制度和会计制度，财产物资保管和会计核算必须实行分工负责，定期盘存，各项经济业务处理必须符合内部牵制原则等；内部牵制是指一切经济业务的处理，都必须经两个或两个以上的人员来完成，实行交叉控制，防止差错舞弊。

各项内部控制制度，不仅本身构成一个体系，而且相互之间又存在着密切联系，构成了一个上下左右相互联系、相互制约的控制体系。

农村集体经济组织的内部控制制度，一般来说，应当包括以下几方面内容。

（一）单位负责人和有关业务人员的职权和责任

例如领导负责审批，会计负责记账，出纳负责现金及存款的收付。根据各类人员的职权和责任，确定其在处理经济业务时所处的地位和作用。

（二）处理每一项经济业务的程序和手续

即明确规定每一项经济业务，根据会计、财务等有关制度要经过哪些人处理，如何处理，经过什么程序，办理什么手续，编制什么凭证等。

（三）在处理每项经济业务时相互联系和相互制约的关系

相互联系就是有关人员相互沟通信息，相互制约就是某一个人处理的事要经过另一个人的核准或同意，每个人处理的手续要经过另一个人的复核。

另外，内部审计也是内部控制制度的一个特定的组成部分，它既要对内部控制制度进行监督检查，也要根据国家法律、法规和有关制度对本单位的经济活动进行审计监督。

第三节 内部控制制度的审查方法与评价

一、内部控制制度审查的重要性

审计是控制的一种手段。对内部控制制度的审查，是整个审计工作的重要组成部分，它贯穿于每一项经济业务的审计过程之中。

（一）内部控制制度的审查是整个审计工作的基础

在开展审计工作时，首要程序是审查内部控制制度。通过对内部控制制度的检查，就可以对内部控制制度的完善、严密程度及其执行情况，有一个较为全面的了解。这样，既可以初步确定被审计单位经济活动的可信赖程度，也可以发现和掌握内部控制制度的薄弱环节，并针对薄弱环节，决定审计工作重点、范围、内容、方法、步骤和进程，制订出审计工作计划，使审计工作有条不紊地进行，保证审计工作的进度和质量，提高审计效能。

（二）单位内部控制制度是否完善有赖于审计的检查和判断

审计的目标，既要检查、评价内部控制制度是否完善严密，能否得到有效的贯彻执行，存在着什么漏洞和弊端，还要根据审计结果，针对存在问题，拟定措施，帮助被审单位改进内部控制制度，使之不断完善。审计不仅可以发挥对内部控制制度的监督作用，而且可以起到帮助被审单位改进、健全内部控制制度,加强内部控制的作用。

可见,审计与内部控制制度的关系是非常密切的,既是审查与被审查的关系,又是相互依赖、相互促进、相互联系、相互制约的对立统一关系。在审计工作中,充分注意这种科学的内在联系,对搞好审计工作是十分必要的。

二、内部控制制度的审查方法

内部控制制度的审查,一般分查阅制度、询问调查和实地测试3步进行。

(一) 查阅制度

农村集体经济组织的内部控制制度并不是以一种单一的制度形式出现的,而是通过建立各种规章制度来体现的。作为农村集体经济组织,为使其经济活动有章可循,总有一套管理制度。这些管理制度中,有关集体资产、物资、财务、资金等收付交接管理方面的制度都应体现着内部控制制度的原则。因此,对一个经济单位内部控制制度的审查,首先要从审阅制度、了解情况开始。要了解被审计单位的组织机构职能,各种规章制度建立的基本情况;了解各职能部门、各有关责任人员的职责分工和各项经济业务的处理程序以及财务状况、财会工作概况;要了解各部门、各有关人员在处理经济业务时相互联系、相互制约的关系,贯彻内部控制制度的情况;要根据审计目的、范围,重点审阅有关规章制度,了解已建立的各项内部控制制度是否健全严密,是否符合基本原则,分工是否明确,程序是否严密,经济工作各环节关键点控制如何,薄弱环节又在何处。

(二) 询问调查

经济单位内部控制制度的完善严密与否,既影响着被审单位管理水平的高低,又影响着审计对象、范围的确定和审计方法的应用,以及审计时间的长短。因此,在审阅各项规章制度之后,要沿着主要经济业务的循环周转顺序,对内部控制制度的执行等有关情况进行询问调查。询问调查包括编制调查提纲、询问和记录答案3个环节。

1. 编制调查提纲

可根据审计的具体目的,结合内部控制制度的基本原则和会计原则,经济单位的实际情况,按照各项经济业务的性质、有关人员的职责和分工情况,对被审单位的内部控制制度进行分析研究,提出需要调查的问题,有针对性的编制出调查提纲。现以农村集体经济组织出纳收付业务为例,调查提纲一般包括以下内容。

(1) 谁负责收款,出纳与会计是否分开,收付款是否都有正规收据,收据是否连号，经手人与审核人是否签名盖章。

（2）公款、私款是否分清，有无公款私存现象，是否遵守库存现金定额制度，有无私设小金库。

（3）能否做到依据经济活动发生情况及时收付款项。

（4）能否做到按时记账、按时对账、按时结账。

（5）能否按审核制度办事，开支审批、会计审核，财务监督人员是否严格把关，对不符合规章制度的开支，能否坚持原则，拒绝支付。

（6）各种收、付、转账凭证是如何保管的，对作废的收据和发票是如何保管和处理的。

2. 询问

根据调查提纲的内容，采取个别询问的方法，向有关人员逐一进行询问调查。要求被审单位的主管人员或工作人员如实回答有关问题。

3. 记录答案

根据调查提纲进行询问调查时，应随时做好书面记录。询问结束后，要把询问情况，及时归纳整理，记入审计工作记录。调查表的格式及填写方法如表5-1所示。

表5-1　现金收付业务内部控制调查表

被审单位：某集体经济组织

调查内容	调查结果			不适用	备注
	是	否			
		严重	轻微		
1.会计与出纳是否分开？	√				
2.收付款时是否有合法的发票与凭证？			√		
3.现金库存是否与现金账面上一致？	√				
4.到银行提取现金是否经过业务主管批准？			√		
5.报销手续是否完备？			√		

调查结果有3个栏目，即是、否和不适用。其中，否定一栏又分为严重和轻微。接受调查的有关人员，对调查的问题肯定回答时，则在"是"栏内打"√"，如作出否定回答时，则在"否"栏内打"√"，既不能肯定，又不能否定则在"不适用"栏内打"√"。调查填表的方法比较直接和容易，但过于简单，还必须进一步实地测试。

(三) 实地测试

内部控制制度的实地测试是对被审单位已建立的内部控制制度和前阶段审查中反映的问题,进行实地观察、核实,以检查制度的执行情况。

对内部控制制度的审计,首先是检查制度本身的健全程度。但有了健全的制度,如果不能得到严格的贯彻执行,只是一种形式,起不到控制作用。所以,对内部控制制度执行情况的检查,是审计过程中的一个关键内容。审计人员对询问调查所了解的情况乃至流程图分析所得的结论,还需要进一步采用实地测试的方法来进行验证。实地测试,通常采用以下两种方法。

1. 结合凭证审查测试

凭证是一个十分重要的环节。一个经济单位的一切经济业务,一般都通过凭证传递程序进行。会计凭证的填制及其流转程序在很大程度上反映了内部控制制度,所以,结合凭证审查便可测试内部控制的实际执行情况。例如,审查某一村办企业材料采购业务的内部控制制度时,在审查凭证和账务账目是否相符?材料凭证上是否有验收入签章?通过凭证检查与询问调查所反映的情况是否一致,就可以判断这个单位材料采购业务内部控制制度的执行情况。

2. 实地观察核实测试

即审计人员通过对各部门分别进行观察,来测试内部控制制度的执行情况。如调查某村办企业材料采购业务时,可到仓库进行观察,查询材料采购前是否征求过仓库的意见,是否询问过库存数量和验收情况;在供应部门观察询问,在采购材料前是否根据计划部门的生产安排,是否查询库存量情况后才决定订购数量,是否经过领导审批。在会计部门观察、询问,了解购进材料的控制情况,如采购材料的凭证和手续,如何登记总账和明细账等。这样,通过各方面的实地观察了解,归纳整理后,才能获得材料采购的内部控制制度执行情况全貌。

3. 实地测试重点

实地测试由于内部控制制度涉及经济业务面广,所以,也可采取重点测试。在实际测试过程中,无论是结合凭证审查测试,还是实地观察核实测试,都应当围绕以下各重点进行。

(1) 被审单位所制定的内部控制制度,是否都在实际工作中认真贯彻执行,有无流于形式的?

(2）内部控制制度由谁执行？是否由不适应担任该项工作的人员兼任或由不相容人员执行？

(3）注意经济业务关键点的控制情况，金额的大小在处理时有无区别，这种区别是否得当？

此外，内部控制制度能否认真贯彻执行，同执行内部控制制度人员的工作态度和业务素质关系极大。对在审计对象和审计项目范围内的人员，特别是对在内部控制关键控制点上的人员的工作态度和业务素质进行分析是很有必要的。对工作态度分析，主要了解他们对执行内部控制制度是否认真；对业务素质分析，主要是了解他们对内部控制制度的熟悉情况和理解程度，有无处理本身业务的专业知识和判断是非的能力。如果符合上述条件，就可以提高审计人员对内部控制制度的信赖程度，反之，如果工作人员的工作态度、业务素质同内部控制制度要求差距很大，乃至根本不称职，那么，这些人所掌握的某项业务或某项业务的某些环节，就需要进行详细的检查。

(四) 询问、调查和实地测试的工作记录

审计人员对被审单位内部控制制度的询问、调查和实地测试，应将结果按不同的经济业务，如材料采购、集体资金、现金出纳等分别整理成书面材料，以便分析研究。这种书面材料就是调查、测试内部控制制度的工作记录。工作记录的内容，包括调查提纲、答复人、答案、测试方法、测试结果。内部控制调查、测试记录格式如表5-2所示。

表5-2 内部控制制度调查和测试工作记录

单位名称： 编制日期：

编号	调查内容	答复人		答案	测验方法	测试结果	备注
		姓名	职务				

审计主审人： 编制人：

说明：第一栏，填写询问调查提纲中的编号；第二栏，填写询问调查提纲中的提问；第三栏，填写答复人的姓名与职务，如果调查的不止一人，应一一填写；第四栏，按答复人回答分别填写；第五栏，填写实际采用的测试方法；第六栏，填写经过核实的答案的正确程度，或其中某些是正确的；第七栏，由审计人员经过分析研究后，根据需要填写。

三、内部控制制度的评价

审计人员对被审单位的内部控制制度,经过审阅制度、询问调查和实地测试后,对被审单位内部控制制度的建立、健全和执行情况,已经有了一个全面深入的了解,在这个基础上就要对被审单位的内部控制制度进行评价。评价时应注意以下几个方面的问题。

(一) 评价要全面

内部控制制度,既有制约的一面,又有促进的一面。所以,在评价时,要从其相互联系和相互制约的关系,全面地看问题。既要着眼于内部控制制度能否起到保护财产、防止弊端的作用,又要看到能否促进生产业务活动的顺利进行。

例如,应收款业务的内部控制制度,既要看到能否有效地盘活集体资金,还要看到有否收款未入款和存在坏账损失的风险。

(二) 评价要明确

对内部控制制度的评价,语言要准确、简练,不能笼统,含糊其辞。例如认为货币资金的控制有问题,就不能笼统地说"货币资金控制制度不健全",必须明确指出问题在哪一方面,是收款方面还是付款方面,是哪一个具体环节不健全,漏洞在什么地方,涉及哪些人的责任。甚至还可以指出,不修正将来还可能出现什么错误和弊端。只有通过具体明确的评价,才能纠正错误,防止错弊,堵塞漏洞,健全制度,改善管理。

(三) 注意经济业务活动的内在联系对内部控制制度的影响

各项经济业务的内部控制制度之间存在着难以分割的联系。特别是农村集体经济组织经济业务活动的内部控制制度,并未完全确立,即使已经建立,其相互之间是否衔接,相互矛盾的情况也在所难免。所以,在评价时,必须加以综合考虑。既要注意联系,更要注意其相互矛盾之处,通过评价,促使被审单位予以完善和改进。

(四) 注意内部控制制度是否得到真正的贯彻执行

例如,有的制度在制定时,本意是为了加强控制,堵塞漏洞,但由于脱离本单位实际,生搬硬套,缺乏针对性,结果是实际效果不大或者没有效果,甚至仍有人钻制度的空子。也有些制度,虽然起了一定作用,但由于过于繁琐,在执行过程中带来诸多不便,以致部门、人员之间互相扯皮、推诿,影响了经济业务的正常进行。所以,注意对内部控制制度完善和有效性的评价，有利于使被审单位在坚持内部控制制度基本原则的前提下，建立符合本单位实际的、完善有效的内部控制制度。

(五) 重视评价工作记录的整理

审计人员对被审单位的内部控制制度审计工作全部结束后，要根据有关内部控制制度方面的记录，撰写"内部控制制度评价工作底稿"。其内容应由3部分组成：一是内部控制制度情况与问题；二是可能导致的差错；三是建议纠正的问题和措施。也可采取表格方式。完成工作底稿后，审计人员应对其进行综合整理、分析和评价。通过对工作底稿的全面整理和分析，审计人员可能发现在单个审计工作底稿中不能发现的疑点和问题。

内部控制制度评价表如表5-3所示。

表5-3 内部控制制度评价

被评价单位：某集体经济组织

序号	评价内容	评价结果		可能导致的差错	建议
		优点	弱点		
01	经费开支审批制度		多头审批	乱开支	要建立经费审批负责人一支笔审批制度
02					
03					
04					
…					

审计负责人： 审计员： 审计时间：

第六章 农村集体经济组织资产审计

第一节 流动资产的审计

一、货币资金的审计

货币资金是集体资产中流动性最强的资产,主要包括现金和银行存款。村集体经济组织的绝大多数经济业务都直接涉及货币资金,如购买产品物资支付价款、借款或偿还债务、承包租赁房屋建筑物等,都是通过现金或银行存款的收付实现的。货币资金作为支付手段具有极大的诱惑力,是最容易成为贪污和挪用的资产,因此对货币资金进行审计十分必要。通过审计,可以确定货币资金是否安全完整,被审计单位是否存在违法乱纪行为;有利于加强货币资金核算,保证会计记录合规合法,在会计报表中反映恰当。货币资金审计主要包括现金审计和银行存款审计。

(一)现金审计

我国对村集体经济组织收取、支付和留存现金都有明确规定,要求村集体经济组织必须严格执行《现金管理暂行条例》《现金管理暂行条例实施细则》和《村集体经济组织会计制度》。现金审计主要包括以下几个方面。

1.审核和评价现金管理的内部控制制度

审计人员应通过询问、调查等方式,了解村集体经济组织内部现金管理情况,重点关注以下几个方面。

(1)现金管理制度建立情况。村集体经济组织必须根据国家法律法规,并结合实际情况,建立健全现金内部控制制度。审计的重点是检查村集体经济组织是否建立了现金收入管理、现金开支审批、民主理财等相关制度。

(2)现金管理岗位责任制建设情况。村集体经济组织应当建立现金管理岗位责任制,明确各财务管理岗位的职责权限。审计的重点是审查村集体经济组织会计与出纳岗位是否单独设置,分工是否明确。通常情况下,会计人员负责现金总分类账、收入、费用、债权、债务等会计账簿的记录工作,出纳人员负责现金的收取、支付、保管、存取以及登记现金和银行存款日记账等工作。支票和财务印鉴应当分别保管。实行村会计委托代理的地方，要按照会计核算主体分设账户(簿)。

(3)现金收付业务控制措施。村集体经济组织向单位和农户收取现金必须手续完备，使用统一规定的收款凭证，当日收取的现金应及时存入银行，不准以白条抵库，不准坐支、挪用现金，不准公款私存。现金支出要有核准手续，每笔现金支出都要在规定的范围内使用，超过结算起点的支出应当转账结算。

(4)现金账册设置情况。应设置《现金日记账》和《现金总分类账》，现金日记账应根据审核无误、合法的收付凭证逐笔序时登记，并由出纳定期与会计的现金总分类账核对。库存现金不得超过规定限额，出纳人员应每日清点库存现金，并与账面数核对，保证账实相符。

在了解现金内部控制制度的基础上，审计人员应抽取部分收款凭证和付款凭证进行核对，审阅日记账和总账等账簿，评价被审计单位现金的内部控制情况，找出薄弱环节，确定审计重点。

2. 核实库存现金数额

核实库存现金是指检查村集体经济组织现金库存数额，主要监盘已经收到但尚未存入银行的现金和备用金。监盘时，被审计单位的出纳、负责人和民主理财小组成员必须参加。监盘现金的步骤和方法如下：

(1)制定库存现金监盘方案，实施突击检查。在现金监盘前，审计人员应根据已掌握的被审计单位的基本情况，制定库存现金监盘方案，明确人员分工和侧重点，一般应采取突击抽查方式进行。

(2)审计人员到达现场后要明确具体要求。一是坚持出纳人员清点与审计人员复查相结合；二是村民主理财小组成员在场作证；三是出纳人员将全部现金集中存入保险柜，必要时加以封存；四是出纳人员把已办妥现金收付手续的凭证登入现金日记账。

(3)审核现金日记账与总账。检查现金日记账和总账余额是否相符；将现金日记账的记录逐条与现金收付凭证核对，主要核对用途摘要、金额、日期等要素是否相符。

(4)监盘库存现金。监盘保险柜以及其他存放地点的现金，查阅所有的借条、单据、收付款凭证，检查账实是否一致；将现金实存数与现金日记账账面数进行核对，并编制库存现金情况表。

库存现金情况表的格式见表6-1。

第六章　农村集体经济组织资产审计

表6-1　库存现金情况表

被审计单位名称：　　　　编制：　　　　　　日期：
　　　　　　　　　　　　复核：　　　　　　日期：　　　　　单位：元

项　目	工作底稿	金额	备注
监盘日库存现金数额			
加：已付款未入账的支出凭证　　份			
加：白条抵库数　　　　　　　　份			
减：已收款未入账的收入凭证　　份			
监盘日库存现金实际数额			
库存现金账面金额（　年　月　日）			
银行核定库存现金限额			
备　注			

现金管理人：　　　　　　　　　　　　　　　　会计主管：

（5）根据监盘和核对调整后的库存现金数额，追溯计算至会计报表日的数额与资产负债表的"货币资金"项目中的库存现金数额是否一致。

（6）审查库存现金收支及留存的合法性，检查有无抵充库存现金的借条、未提现金支票或未作报销的原始凭证以及库存现金是否超出规定限额。

3.审查现金收付业务制度执行情况

审查现金收付业务是现金审计的重点。仅仅核实库存现金账实是否相符，不能查出全部问题。审计时应抽查部分收付款凭证和日记账，审查现金收付业务是否符合规定，手续是否完备。

（1）现金支出的范围。根据《现金管理暂行条例》的有关规定，村集体经济组织可以用现金支付的款项主要包括：工资、津贴；个人劳务报酬；根据国家规定颁发给个人的科学技术、文化艺术、体育等各种奖金；各种劳保、福利费用以及国家规定的对个人的其他支出；向个人收购农副产品和其他物资的款项；差旅费；结算起点（1 000元人民币）以下的零星支出等。

（2）现金支出的审批手续。村集体经济组织支出现金时要严格履行审批手续，经办人必须取得合法的原始凭证，注明用途并签字（盖章），交民主理财小组集体审核。审核同意后，由民主理财小组组长签字（盖章），报经主管财务负责人审批同意并签字（盖章），由会计人员审核记账。手续不完备的开支，不得付款；对不合理的开支，经办人有权向民主理财小组或上级部门反映。

（3）库存现金的限额。库存现金的限额由开户银行或信用社按照有关规定，并根据村集体经济组织实际需要核定。核定后的库存现金限额，必须严格遵守。

（4）现金收支的规定。现金收支应做到日清月结，定期监盘库存现金，保证账实相符；库存现金应安全保管，未经授权他人不得随意接触现金和空白支票。

4. 审查现金收付业务的合法性

（1）审查现金记账凭证与现金收付原始凭证记载的业务内容是否一致，重点审查现金支付的原始凭证。

（2）审查现金日记账，查明出纳人员是否根据审核后的有关凭证正确、及时记账，是否存在隐匿收入和虚列支出、应当转账而用现金支付的业务，是否存在坐支现金、贪污、挪用集体资金等现象。

（3）审查收款票据和发票存根，审查号码是否连续完整，未使用或者作废的票据是否齐全，是否存在私开票据销毁存根贪污现金等情况。

（4）审查付款原始凭证有无涂改、挖补、刮擦等现象，有无使用假发票、发票副联或过期发票报销等行为。

（二）银行存款审计

银行存款审计是对村集体经济组织存放在银行或其他金融机构的银行存款进行的审计。按照国家有关规定，村集体经济组织应当在当地金融机构开设账户，按规定办理结算业务。银行存款审计主要包括以下几个方面。

1. 审核和评价银行存款内部控制制度

审计人员应通过询问、观察等方式，了解村集体经济组织银行存款内部控制情况，重点关注以下几个方面。

（1）银行账户开设情况。村集体经济组织应当按照《银行账户管理办法》的要求，在一家金融机构的一个营业机构开设基本存款账户，办理包括支取现金在内的结算业务。村集体经济组织不得为还贷、还债和套取现金多头开立基本存款账户，不得出租、出借账户，不得在异地开立基本存款账户。

（2）财务制度执行情况。村集体经济组织的银行存款收支业务要严格执行国家有关规定，一切收入必须当日存入银行账户，一切支出除按规定可以用现金结算外必须通过银行转账结算。

（3）银行结算制度执行情况。村集体经济组织应严格执行《银行支付结算办法》，正确使用银行汇票、银行本票、商业汇票、支票、信用卡、汇兑等结算方式。

（4）银行存款账簿设置情况。村集体经济组织应设置《银行存款日记账》和《银行存款总分类账》，银行存款的收付业务应逐日逐笔登记。定期将银行存款日记账与银行存款对账单进行核对，如有不符应及时查明原因，并编制银行存款余额调节表。

审计人员在了解被审计单位银行存款内部控制制度的基础上，抽取部分收付款凭证和银行存款日记账，对相关内部控制制度进行实际测试和评价，找出薄弱环节，确定审计重点。

2. 核实银行存款数额

核实银行存款数额，是指检查村集体经济组织的银行存款，核对银行存款实有数额，具体包括以下几项。

（1）核实资产负债表上的"货币资金"项目数额与现金、银行存款日记账余额是否相符。

（2）核对银行存款日记账与总账余额是否相符。

（3）函证银行存款余额或核对银行存款日记账与银行存款对账单、银行存款余额调节表，核实银行存款数额，包括：银行存款对账单是否真实、日期是否齐全、衔接，数字有无涂改和伪造；逐笔核对银行存款对账单和日记账，查明有无漏记错记情况，有无舞弊行为；分析未达账项产生的原因，尤其关注超过一个月的未达账项；编制银行存款余额调节表。审计人员与会计人员编制的银行存款余额调节表有所不同，应包括未达账项、记账错误和其他应予纠正的差错。银行存款余额经调节后，若仍有差额，应追踪审查。

3. 审查银行存款收付业务

审查银行存款收付业务，重点审查银行存款收付业务的公允性和合法性，应将银行存款日记账的记录、银行存款收付凭证的内容及有关对应账户相互对照审核。

（1）审查银行存款收付款业务是否正确。抽取部分收款凭证，与银行存款日记账入账金额、日期进行核对，与银行存款对账单、应收款项明细账记录核对，查明实收金额与发票是否一致。抽取部分付款凭证，查明付款手续是否符合规定，银行存款日记账的付出金额是否正确，实付金额与购货发票是否相符，付款凭证与银行存款对账单、应付账款明细账是否一致等。

（2）审查银行存款收付款业务记账是否正确。抽查一定时期银行存款日记账的对应科目栏的记录，查明是否与对方科目记录一致。例如：以银行存款购买固定资产，应查看"固定资产"科目的相应记录是存相符，以确定银行存款的支付数额是否真实。

（3）抽查数额较大的银行存款收付业务。查明这些业务的原始凭证是否合法、内容是否真实、手续是否完备。抽查一定时期的银行存款日记账，检查是否与记账凭证和原始凭证所列内容相符。

（4）审查银行存款支付事项的合法性。重点审查：购货发票及入库凭证是否真实、金额是否相符，所欠债务是否真实，提取现金发放工资，支票金额是否与工资实发金额相符，有无套取现金现象等。

（5）审查银行存款收入事项的合法性。重点审查：银行回单是否全部及时入账、有无挪用公款情况，各项收款是否与本单位业务相关，有无私设小金库现象等。

（6）抽查一定期间的银行存款日记账与总账核对，查明计算、加总是否正确，账账是否相符。

二、应收款项的审计

应收款项是村集体经济组织因销售商品、提供劳务等发生的应收及暂付款项，是村集体经济组织资产的一部分。包括：村集体经济组织与外部单位和个人发生的应收及暂付款项；村集体经济组织与所属单位和农户发生的应收及暂付款项。应收款项审计，不仅有利于加速资金周转，减少资金占用，促进资产保值增值，而且有利于确定应收款的真实性和收回的可能性，防止发生呆账、坏账及舞弊行为。

村集体经济组织应收款项审计主要包括：审核和评价应收款项内部控制制度是否健全有效；审核应收款项期末余额是否真实；审核应收款项的增减变动是否合规等。审计时应特别关注挂账时间长和数额较大的应收款项。

（一）审核和评价应收款项的内部控制

审计人员应当通过查阅有关规章制度和文件资料、抽查部分原始凭证和会计记录、向有关人员询问等方式，了解应收款项内部控制情况，重点关注以下几个方面。

1. 审核应收款项内部控制制度建设情况

（1）催收制度是否健全。村集体经济组织应当采取切实可行的措施积极催收，明确相关责任人员、明确回收的时间，定期向有关单位和农户反馈对账单，控制应收款项数额，保证应收款项余额的正确性，防止集体资产流失。

（2）坏账核销制度是否健全。应收款项坏账的核销必须严格执行村集体经济组织会计制度中有关核销的规定，对因债务单位撤销，或因债务人死亡，并查实既无遗产可以清偿，又无义务承担人的款项，应取得有关方面的证明资料，经过审批后，确认为坏账后，按规定程序予以核销，并做相应账务处理。

（3）责任追究制度是否健全。对于有关责任人造成应收款项损失的，应当追究有关责任人员的责任，要求其酌情赔偿，任何人不得擅自决定减免应收款项。

2. 评价应收款项的内部控制

（1）抽查部分记账凭证和原始凭证，测试这些凭证的适当性和记录的及时性，查明凭证编号是否连续，控制制度是否一贯执行，记载有无差错。

（2）抽查部分收款凭证，检查记录收款与保管现金的职责是否分离，收到款项是否开具收款凭证，账款、账账是否定期核对，是否定期与往来单位或个人对账，是否执行催收制度。

（3）审查确认坏账损失审批制度，村集体经济组织发生的各种应收款项坏账损失，均需审批后方可作损失入账核算。

审计人员可以采用流程图、文字说明或调查表等方法，对应收款项内部控制制度予以记录描述，并对应收款的内部控制制度做出初步评价。

（二）审查应收款项账户设置的合理性

审计人员应当审查应收款项账户设置是否符合规定，有无虚假账户存在。按照村集体经济组织会计制度的有关规定，与外部单位和个人发生的应收及暂付款项，应当通过"应收款"账户核算，在应收款总账下，按外部单位和个人设置明细账；与内部所属单位和农户发生的应收及暂付款项，应当通过"内部往来"账户核算，按所属单位和农户设置明细账户，进行明细核算。

（三）审查应收款项期末余额的真实性

应收款项期末余额，包括村集体经济组织外部应收款项和内部应收款项的期末余额，主要审查"应收款"和"内部往来"账簿资料、入账价值、入账时间、账面价值等。

1. 核对账目

分别编制应收款、内部往来明细表，列明债务人名称、欠款金额、欠款时间等内容，复核应收款、内部往来数额是否正确，核对明细表与资产负债表、明细账、总分类账中的数额是否一致。

2. 核对凭证

将应收款、内部往来账户借贷方记载的内容逐笔与记账凭证、原始凭证进行核对，审查会计分录的编制是否正确，应借应贷的会计科目是否与实际业务相一致，金额是否正确等，以保证应收款项账面记录的真实性。

3. 分析账龄

编制应收款、内部往来账龄分析表，确定应收款项的可收回程度，查明应收账款项的账面价值是否真实。

4. 发函询证

向欠款数额较大或时间较长的债务人进行函证，并将函证结果与应收款账龄分析表结合起来，分析确定应收款的实际账面价值，查明应收款不能收回的原因、数额以及管理中存在的问题，查明应收款是否真实。函证的格式如下。

（债务人名称）：

因审计需要，恳请核实下列截至×年×月×日贵单位（×××人）所欠×××村集体经济组织账款的真实性和正确性（欠款总额和每笔欠款的日期及余额的列示）。核实后请填写下端空白，并将此信函寄回××县经管站。

本函并非催款单，请勿将款项汇给××县经营站。衷心感谢你们的合作。

××县经管站及经办人员签章
年　月　日

（四）审查应收款项增减变动的合规性

审计人员应抽查原始凭证，顺查至明细账，或抽查部分明细账记录追查至原始凭证。主要查明：有无虚列应收款项，虚增收益的现象；是否存在利用应收款项从事违法活动的行为；有无不正常的应收款项，原因是什么；有无不属于结算业务的债权；若发现应收款项明细账有贷方余额，应查明原因，必要时做出调整；核销的应收款项形成的原因，是否符合核销的有关规定，有无弄虚作假行为。

三、存货的审计

存货也称库存物资，主要包括种子、化肥、燃料、农药、原材料、机械零配件、低值易耗品、在产品、农产品和工业产成品等，是村集体经济组织流动资产的重要组成部分。存货的真实正确与否，将对会计报表的可信性产生重要影响。村集体经济组织存货审计主要包括：审核和评价存货的内部控制制度是否健全有效，核实存货数额，审查存货收付业务的合法性，检查存货在报表日是否存在、是否确属于被审计单位所有，存货业务记录是否完整、计价是否正确，存货在会计报表上的披露是否恰当。

（一）审核和评价存货的内部控制制度

审计人员应当采取询问、查阅文件、抽查单据和会计记录等方式了解存货内部控制情况，重点关注以下几个方面。

1. 存货实物流转程序的制度建设情况

主要包括采购、入库、发货、保管等方面的制度和规定。

（1）采购责任制是否健全。库存物资采购应由保管、会计以外的人员负责，采购人员应根据批准的采购计划签订购货合同，会计人员将采购单据与供货合同核对无误后付款。

（2）进货、检查和验收制度是否健全。货物入库时，仓库负责人签收前，应先根据采购单据清点和检查货物，并将实际数量通知采购人员和会计人员。

（3）发出存货是否有严格的手续。提货有无发货单据和提货单，领用材料是否有领料单，是否在审核发货单据和领料单后才发货，有无错发、漏发现象等。

（4）存货保管制度是否健全。存货存放是否安全，易混淆的存货是否隔离存放，易燃、易爆物品是否专库存放并符合消防要求，易霉烂变质的存货是否进行有效管理等。

2. 存货流转记录程序的制度建设情况

主要包括：会计记录、成本会计控制、定期盘点和核对账簿记录等。

（1）存货会计记录是否有严格的程序。从填制凭证开始，到登记明细账、总分类账、编制报表的过程是否有明确规定。

（2）成本会计控制是否良好和有效。了解和掌握生产过程中各种记录是否汇集到财会部门，并由财务人员审查和核对，成本计算方法是否适当，总成本和单位成本的计算是否合理和正确。

（3）是否定期盘点存货，盘点结果是否及时进行账务处理。编制年度会计报表前是否进行存货盘点，对于发生盘盈、盘亏以及过时、变质、毁损等处理报废的存货是否进行账务处理，是否按规定结转，计入当期损益。

（4）存货账目核对是否符合要求。存货的总账、明细账、出库单和保管卡片是否定期核对，差错是否得到及时更正。

在了解和掌握存货的内部控制制度之后，就应根据收集的证据对存货内部控制制度做出评价，确定核实存货数额和审查存货收发的重点，并在审计工作底稿中标注。

（二）核实存货的实有数

核实存货的实有数，是指核实村集体经济组织的库存物资库存量，主要审查存货账目、盘点存货实物、检查存货计价等。

1. 审查存货账簿资料

审计人员在实地审查存货时，应核对存货明细账、总分类账及其他相关资料。审查各项记录是否正确，账表、账账数额是否相符。村集体经济组织的存货按经济内容分为材料、农产品、工业产成品、商品、低值易耗品五类，在"库存物资"科目下必须设置明细科目。审计人员要核对"库存物资"账户下的明细账余额与总账余额是否相符，如库存物资—种子、库存物资—化肥、库存物资—水泥等，如果不符，应查明原因做好记录，并做相应调整。

2. 盘点存货

审计人员根据存货各项目的重要性、数量、金额等因素，决定采取监督盘点还是亲自盘点，目的是为了获取存货数量方面的证据。一般来说，对种类繁多、数量较大、金额不大的存货，可以进行监督盘点；对于近期尚未盘点过的存货、贵重的存货、核算薄弱和混乱的存货、有舞弊嫌疑的存货应当亲自盘点。无论是监督盘点还是亲自盘点，都可以进行抽样检查，都需要编制存货盘点表。

存货盘点表的格式如表6-2所示。

表6-2 存货抽查情况

单位名称：		截止日期：			索引号：			
仓库名称：		存货二级明细：			抽查时间：			
复核人：		保管员：			抽查人：			
日期：		日期：			日期：			

规格及名称	单位(件)	单价(元)	基准日账面记录		基准日至抽查日收发数				抽查日应有结存		抽查记录		抽查结果差异		品质状况
			数量(件)	金额(元)	入库		出库		数量(件)	金额(元)	数量(件)	金额(元)	数量(件)	金额(元)	
					数量(件)	金额(元)	数量(件)	金额(元)							
1	2	3	4	5=3×4	6	7=3×6	8	9=3×8	10=4+6-8	11=5+7-9	12	13=3×12	14=12-4	15=13-4	16
合计															

审计人员盘点存货时，可以通过审阅合同、信函、记录或函证等方式对存货的所有权予以确认，并将产权属于外单位的存货与被审计单位的存货分开盘点。同时，对属于被审计单位所有，但存放于外单位的存货，审计人员应通过函证予以确认。

3. 审查存货的计价

审计人员应从存货明细表中抽取一定数量的存货，对存货的收入、发出和结存的计价进行审计。主要审查数额较大、价格变动频繁、具有一定代表性的存货。对于收入存货的审查，主要是核对卖方发票价格，审查存货成本计价范围和内容的合理性；对于发出存货的审查，主要是了解发出存货的计价方法是否合理，前后期的计价方法如发生变化，是否在资产负债表的附注中说明并列示。对于库存存货的审查，应主要检查有无为调节利润而随意计价的情况。

4. 审查资产负债表中的相关项目

"存货"项目反映集体经济组织年末在库、在途和在加工的存货的价值，包括原材料、农用材料、农产品、工业产成品、在产品等。审查"存货"项目时，应注意该项目的数额是否根据"库存物资""生产（劳务）成本"科目年末借贷方余额相抵后填列。

（三）审查存货收发业务的合法性

存货购进、收发均会引起存货数额的增减变化，因此必须对存货的收发业务进行审查。

存货购进的审查，主要检查是否有请购单，是否经村民主理财小组审核、领导批准；与供应单位是否签订了合同，采购价格是否合理，付款方式是否遵守有关规定。特别应侧重于审查采购价格的合理性，以及采购中有无舞弊行为。

存货入库的审查，主要检查验收部门是否认真履行职责，计价是否合理，领用和退回手续是否齐全等。

存货出库的审查，应注意出库是否填写出库单。办理了审批手续，收发人员是否签字，计价是否合理等。

第二节　对外投资和固定资产审计

一、对外投资的审计

对外投资是指将村集体资金及其资产投资于有价证券或其他单位。对外投资是村集体经济组织资产的一部分，对集体资产和收益有重大影响。

村集体经济组织对外投资审计主要包括：审核和评价对外投资内部控制是否健全有效，手续是否完备；对外投资的入账价值和期末计价是否正确；

持有期间对投资收益的处理是否正确；对外投资的处置或转让是否合规合法，会计处理是否正确；初始投资成本与投资额之间的差额处理是否正确。

（一）审核和评价对外投资内部控制

审计人员可采取调查问卷等形式了解被审计单位对外投资内部控制制度，以及制度的执行情况，并做出适当记录。

1. 审核对外投资制度建设情况

（1）职责分工制度是否健全。村集体经济组织应当明确对外投资业务审批人和经办人的权限、程序、责任和相关控制措施。对于审批人超越授权范围审批的对外投资业务，经办人有权拒绝办理，并及时向上级部门反映。对外投资业务执行、会计记录和对外投资资产的保管等应当进行必要的分工，形成相互牵制机制。

（2）集体决策制度是否建立。村集体经济组织的对外投资业务，包括对外投资的收回、转让以及核销，应当实行集体决策，严禁任何个人擅自决定对外投资或者改变决策意见。

（3）责任追究制度是否建立。对外投资中出现重大决策失误、未履行集体审批程序和不按规定执行对外投资业务的人员，应当追究相应的责任。

（4）股票和债券资产管理制度是否健全。设置有价证券登记簿，按证券品种设置明细账，详细记载对外投资的具体内容，如证券的名称、面值、号码、数量、取得日期、购入成本、券商名称、应收和已收到的股息或利息等；明确有价证券买卖的核准手续；健全有价证券的保管制度。

（5）证券所有权登记制度是否建立。村集体经济组织应将购入的证券尽快登记在村集体经济组织名下，防止舞弊。

（6）定期检查盘点制度是否建立。盘点小组成员应由村民理财小组成员或没有参与证券买卖、保管和记录的其他财务人员进行。

2. 评价对外投资内部控制

审计人员可以通过重点调查投资项目是否经过授权批准，对外投资资产是否妥善保管并定期盘点；是否签订投资合同或协议；是否获得被投资单位的出资证明；会计处理方法及投资收益处理是否正确等内容，对内部控制进行评价，并根据评价结果确定审计重点。

（1）查内部控制是否健全有效。抽取部分会计记录，运用顺查法查明内部控制是否健全，执行是否有效，会计处理是否合规、完整。

（2）查盘点方法是否适当。审阅被审计单位有价证券定期盘点的报告，查明其盘点方法是否适当，盘点的结果与会计记录是否一致，对差异的处理是否正确。

（3）查职责分工是否严格执行。审阅被审计单位对外投资业务的文件和记录等，查明对外投资业务的核准、执行、记录等职责分工是否严格执行，判断其对外投资业务的管理是否良好。

（二）审查对外投资的合理性

编制对外投资明细表，了解全部对外投资的总体合理性。对外投资明细表应分别按投资类别编制，并注明各类投资的年初余额、本年增减数、年末余额、投资收益等。根据该明细表，复核各项数据是否正确，并与明细账和总账的余额核对。对于股票投资和联营投资，还需列示该投资占被投资单位股本或实收资本的份额及会计核算方法。

（三）审查对外投资的真实性

重点对有价证券进行实地盘点或函证，查明账实是否相符。库存有价证券的监盘方法和程序与现金监盘相似：首先会同被审计单位会计主管人员监盘库存有价证券，编制库存有价证券盘点表；再将监盘表与经过核实的相关账户余额进行核对，如有差异，应查明原因，并做好记录或进行调整。

（四）审查对外投资的合法性

审查对外投资业务是否符合国家规定，主要内容包括：一是查明股票等有价证券投资是否经过授权批准，有无违反国家规定进行违法交易的行为；二是审查对外投资业务是否合规合法；三是审查资金来源是否合规合法；四是审查资金投向是否合法，投资范围是否符合国家规定，防止以投资名义转移资金；五是对外投资处置或转让是否符合规定等。

二、固定资产的审计

固定资产是指村集体经济组织拥有的使用年限在一年以上，单位价值在500元以上的房屋、建筑物、机器、设备、工具、器具和农业基本建设设施等劳动资料。固定资产在村集体经济组织资产总额中占有较大比重，是村集体经济组织生产与发展的重要物质基础。对固定资产的审计，有利于提高会计信息质量，保护固定资产的安全和完整，保证固定资产及时得到更新和修理，提高固定资产使用效率。

固定资产审计的内容主要包括：固定资产的入账价值、会计记录、支付账款等处理是否正确；在使用中，是否按照规定提取折旧、进行维护；固定资产的减少是否在固定资产清理科目核算，出售、转让或报废时损益的确认是否正确；对外投资时投资价值及会计处理是否正确；在资产负债表上的披露是否恰当等。

（一）审查和评价固定资产的内部控制

审计人员应当合理利用以往审计经验，通过询问有关人员、查阅有关内部控制文件、检查内部控制生成的文件和记录等审计程序，了解固定资产的内部控制情况；采用调查问卷、文字叙述或流程图等方法，对固定资产的内部控制予以描述及初步评价，并形成审计工作底稿。

1. 审核固定资产内部控制制度建设情况

审计人员可以通过询问有关人员、查阅有关内部控制文件、检查内部控制生成的文件和记录等审计程序，了解固定资产的内部控制制度建设情况；采用调查问卷、文字叙述或流程图等方法，对固定资产的内部控制予以描述及初步评价，并形成审计工作底稿。

重点审查村集体经济组织是否按规定建立了以下制度：固定资产的预算制度；固定资产增减变动的授权与审批制度；固定资产的会计核算控制；固定资产的定期保养制度；固定资产的定期盘点制度；固定资产的处置制度；固定资产的定期分析和报告制度。

2. 评价内部控制制度

审计人员应查明被审计单位固定资产内部控制是否运行有效，重点审计以下内容。

（1）固定资产的取得是否与预算相符，有无重大差异。审计人员可以从明细账追查至有关文件、凭证，或从购置、处置资料、凭证顺查至明细账，查明固定资产的增减变动是否与预算一致。

（2）固定资产的取得和处置是否经过批准。

（3）是否正确划分资本性支出和收益性支出，特别关注是否混淆低值易耗品与固定资产以及大修理费用与日常修理费用的界限。

（4）固定资产的增减变动是否有真实、完整的会计记录。

审计人员应对执行固定资产内部控制制度，能在多大程度上保护固定资产的完整性做出评价，并根据评价结果，修改、完善审计方案，确定下一步审计工作重点，并向被审计单位提出改进建议。

（二）审查固定资产的实存数与保管情况

确定每项固定资产的实际状况，固定资产是否确实存在，其账面余额是否真实，是否属于被审计单位所有，手续是否完备，有无抵押情况。

1. 编制固定资产分类汇总表

按照固定资产的类别分别编制固定资产汇总表，对固定资产原值、累计折旧额、净值等进行复核审计。

固定资产汇总表的样式如表6-3所示。

表6-3 固定资产汇总

固定资产类别：交通工具　　　　　　　　　　　　　　　　　　　　单位：元

固定资产名称	购买日期	数量	原值	累计折旧额	固定资产净值

2. 核对固定资产明细账和总账

将汇总表中有关栏目的内容与总账和会计报表项目有关数据进行核对。如果不符，应追查原始凭证并查明原因，及时处理或进行实物盘点。

3. 实地盘点固定资产

在固定资产账账核对一致的基础上，审计人员应对年末账面固定资产进行实地盘点，以确定固定资产是否实际存在，查明其管理和使用情况。盘点时应根据固定资产总账或明细账逐项盘点，也可以以实地盘点数据为出发点，追查至明细账。盘点完毕，应编制固定资产盘点工作底稿。对盘盈盘亏的固定资产，应查明原因，分清责任，报经批准进行处理。

4. 验证固定资产所有权

审计人员应汇集不同证据，验证各类固定资产是否属于被审计单位所有。例如：对外购固定资产，应审核采购发票；对房地产，应审核有关合同、产权证明、税单、抵押贷款凭证等。

5. 审查固定资产的保存和利用状况

审计人员应根据固定资产有关账簿记录，调查了解固定资产分布和使用情况。

（三）审查固定资产增加的合规性和合法性

固定资产增加的形式有：购入固定资产、自行建造固定资产、改建扩建固定资产、投资者投入固定资产、盘盈固定资产等。

1. 编制固定资产增加汇总表

重点审查固定资产是否及时计提折旧，折旧年限、残值、折旧率的确定是否符合财务制度的规定（表6-4）。

表6-4　固定资产增加分析

单位：元

固定资产名称	购买日期	数量	原值	折旧年限	折旧率（%）	残值	月折旧额	累计折旧额	固定资产净值	备注

2. 审查固定资产新增手续是否齐全合理

购入的固定资产应重点查明是否有相应的审批手续，是否有正式发票。自行建造和改建扩建的固定资产，应查明固定资产的建造是否列入预算，并经过批准，所建造的项目是否符合需要，资金来源是否合法；固定资产的建造合同是否严格执行；建造支出是否符合规定。以投资形式转入的固定资产，应重点查明固定资产的投入是否有相应的审批手续和合同，是否经过资产评估；投入的固定资产型号、规格、数量是否与合同所规定的一致。通过"一事一议"筹资筹劳建设增加的固定资产，应审查是否符合程序。

3. 审查新增固定资产计价是否正确

固定资产的计价一般以原始价值为准，但是固定资产增加的途径不同，其原始价值的计算方法也不相同。审计人员在审核固定资产计价时，要根据不同来源的固定资产，应区别不同情况，验证其计价的正确性，审查其支出与有关原始凭证是否相符。

4. 审查新增固定资产账务处理的正确性

由于固定资产增加的途径不同，其账务处理方法也不尽相同。审查时，可在审阅"固定资产"账户借方发生额的基础上，对新增固定资产的记账凭证、原始凭证进行审阅，审查其账务处理是否符合村集体经济组织会计制度的规定，入账时间是否及时等。

（四）审查固定资产减少的合规性和合法性

固定资产减少的主要原因是出售、报废、毁损、向其他单位投资转出、盘亏等。审查时，应根据不同情况分别进行。

1. 出售固定资产的审查

对出售固定资产的审查，重点审查出售的固定资产是否按规定程序进行了审批，是否经过村民主理财小组讨论通过，出售固定资产的作价是否合理，各项手续是否健全，变价收入的账务处理是否及时正确等。审查时应当注意有无个别领导或经办人利用职务之便营私舞弊、谋取私利的行为。

2. 报废固定资产的审查

对报废固定资产的审查，重点审查报废是否符合村集体经济组织会计制度对固定资产使用年限的有关规定，报废手续是否齐全，报废原因是否正常，残值作价是否合理，有关清理报废的账务处理是否正确等。

3. 盘亏固定资产的审查

对盘亏固定资产的审查，重点是查明盘亏原因，并审查处理盘亏是否按规定程序报经有关部门批准。

4. 投资转出固定资产的审查

对投资转出固定资产的审查，重点是审查投资转出手续是否齐全，查明是否签订了投资合同和资产转让协议，作价是否合理，账务处理是否正确等。

5. 毁损的固定资产的审查

对于毁损的固定资产的审计，重点是审查其毁损报告和毁损证据，核实毁损的原因，据以确认毁损的合理性。同时，还要审查毁损残值的处理是否合理，价款是否入账核算。

6. 审查减少固定资产的账务处理

审查所有减少的固定资产是否全部及时进行账务处理。要特别注意有无未入账的固定资产，查明有无用新固定资产代替旧资产的情况，分析固定资产清理及营业外收支账户，查明有无出售固定资产的价款及报废资产的变价收入等。

（五）审查固定资产的折旧

审查固定资产折旧的目的是为了确保被审计单位正确计提折旧，固定资产及时更新，其审计要点如下。

1. 固定资产折旧的合法性与合规性

审查固定资产折旧政策及折旧方法的合法性与合规性，查明折旧政策和方法是否符合制度规定，是否一贯遵循，折旧额的计算是否正确。

2. 固定资产折旧的计提

审查固定资产折旧的计提，取得或编制固定资产折旧计算表，并与有关资料核对一致，折旧计提范围、固定资产使用年限和预计残值、固定资产折旧率是否符合规定，折旧额的计算是否正确，查明有无不按固定资产用途而任意计入成本、费用的情况。

(六)审查固定资产及累计折旧在会计报表上披露的恰当性

固定资产在资产负债表上应列示的项目包括:固定资产原值、累计折旧、固定资产净值。审计人员应依据前述审计内容,审查资产负债表中有关固定资产项目的正确性。

第七章　农村集体经济组织负债审计

第一节　流动负债的审计

流动负债是指将在1年（含1年）或在超过1年的一个营业周期内偿还的债务，主要包括短期借款、应付款项、应付工资、应付福利费等。

一、短期借款审计

短期借款是指从银行、信用社和有关单位、个人借入的期限在1年以下（含1年）的各种借款。短期借款一般是村集体经济组织为满足日常的生产经营活动和社区管理服务职能或为偿还各项债务，从银行、信用社、有关单位或个人借入期限1年以下的各种款项。短期借款期限短，因而财务风险较大。短期借款审计就是对其核算的真实性、取得和使用的合法性、偿还的及时性进行审查评价。

（一）短期借款核算真实性的审计

在会计核算上，一般应设置"短期借款"账户。借入各种借款时，应借记"现金""银行存款"账户，贷记"短期借款"账户，利息应计入"其他支出"账户。根据短期借款会计核算的特点，可以从以下几个方面审查。

1. 审查各种短期借款期末余额的真实性、正确性

主要审查有无隐瞒或少记短期借款的行为。

（1）审查短期借款形成的有关凭证，核实其真实性、正确性。首先，审查短期借款的偿还和利息支付的真实性、正确性；然后，按下列公式进行验证：

$$\boxed{\text{短期借款期末余额}} = \boxed{\text{短期借款期初余额}} + \boxed{\text{本期增加短期借款}} - \boxed{\text{本期偿还短期借款}}$$

（2）审查有无人为少计借款的行为。审查时，可以将银行存款日记账与银行对账单进行核对，也可采用函询或者直接到其他债权单位进行调查核实。

（3）审查有无隐瞒短期借款的行为。短期借款并非一次孤立的行为，必然与其他有关的经营活动联系在一起，只要认真分析研究，还是可以得到验证的。

2. 审查短期借款利息支出及其账务处理的合规性、合理性、正确性

（1）短期借款利息支出的审查。主要审查短期借款的渠道、利率水平是否合理、合规。随着金融市场的发展，筹集资金的渠道日益增多，除向银行借款外，还可向其他金融机构借款，以及在资金市场上，各单位间互相拆借等。因而有必要审查其借款的渠道是否合理，利息水平是否正常、支付是否及时，有无舞弊行为。

（2）短期借款账务处理的审查。主要是对短期借款利息账务处理的审查。短期借款利息，应当记入"其他支出"。

（二）短期借款的取得和使用合法性审计

1. 短期借款取得合法性的审计

审查时，应通过检查有关短期借款的文件，包括借款申请书、协议、批准文件等。查看各种借款的有关手续是否齐全，有无虚构借款理由和担保物骗取借款的情况。同时，还应核对借款明细账，以检查是否存在出租出借本单位户头，或是向外单位租入、借入户头的情况。通过上述审查，确认短期借款取得的合法性。

2. 短期借款使用的合法性审计

村集体经济组织取得短期借款后，必须按协议或制度规定的用途使用。可以通过审查借款申请、协议、制度中规定的用途，核对相应银行存款日记账。此外，还可以通过核对有关明细账和会计凭证，确认短期借款使用的合法性。

（三）短期借款偿还及时性的审计

审查中，发现超过期限尚未偿还的短期借款，应查明原因，督促被审计单位采取有效措施，及时偿还过期的短期借款。同时，应建议被审计单位加强短期借款的管理，建立必要的内部控制制度，以保证按期归还短期借款，切实提高资信度。

【案例1】2017年，村集体经济组织"短期借款"账户年初余额和年末余额均为8 000元，本年度内村集体经济组织未发生借款业务及还款业务。审计人员通过审查借款的原始凭证，发现8 000元的短期借款发生在上年6月份，属于一笔逾期未还的短期借款，该笔借款业务没有任何借款申请书、协

议或契约、批准书等,也没有村集体经济组织负责人的审批手续,审计人员通过进一步调查取证,证实此笔借款是村会计因个人急需用款,于2016年6月份向村里李某高息借款,当时约定的年利率为10%。审计结论:村会计利用工作之便,以村集体经济组织的名义为个人高息借款,虚增村集体经济组织的短期借款及借款利息。

二、应付工资审计

应付工资是指村集体经济组织应支付给管理人员及固定员工的工资报酬,包括各种工资、奖金、津贴、福利补助等。应付工资无论是否在当月支付,都应通过应付工资账户核算。村集体经济组织支付给临时员工的报酬,不通过本科目核算,外部的临时员工报酬通过"应付款"核算,内部的临时员工报酬,通过"内部往来"账户核算。

在会计核算上,应设置"应付工资"账户。村集体经济组织按照经过批准的金额提取工资时,按人员岗位分别借记管理费用、生产(劳务)成本、经营支出、牲畜(禽)资产、林木资产、在建工程等账户,贷记本账户;实际发放工资时,借计本账户,贷记"现金"等。根据应付工资核算的特点,可以从以下几个方面审查。

(一)审查应付工资账户发生额和期末余额的真实性、正确性

主要审查村级转移支付资金到位情况或有无虚增、冒领工资行为。

1. 审查应付工资发放的真实性、正确性

主要审查有无虚报员工人数,虚增应付工资,转移应付工资,扩大应付工资并将其金额转入"小金库"的行为,应付工资是否按规定标准支付。

2. 审查应付工资是否存在冒领、贪污、占用行为

主要审查会计人员捏造临时工用工人数、多报加班天数、夜班费,冒领工资,贪污占用工资款项。

(二)审查应付工资账务处理的合规性、正确性

1. 应付工资发放标准的审查

主要审查是否按照规定标准发放应付工资,工资的取得是否合理、合规,有无拖欠工资行为。

2. 应付工资账务处理的审查

主要是应付工资账务处理是否正确。

【案例2】村集体经济组织按批准的方案,提取并以现金发放10月的管

理人员工资及外部临时员工报酬合计金额3 500元，其中：管理人员工资3 000元，外部临时员工报酬500元。审计人员发现上述经济业务的会计处理如下。

（1）提取工资时（元）：

借：管理费用　　3 500

　　贷：应付工资　　　3 500

（2）发放工资时（元）：

借：应付工资　　3 500

　　贷：银行存款　　　3 500

审计结论：集体经济组织对外部临时员工的工资没有按《村集体经济组织会计制度》的规定通过"应付款"账户核算，而是通过"应付工资"账户核算。

三、应付福利费的审计

应付福利费，是指村集体经济组织从收益中提取的，用于集体福利、文教、卫生等方面的福利费，包括照顾烈军属、五保户、困难户的支出，计划生育支出，农民因公伤亡的医疗费、生活补助及抚恤金等，但不包括兴建集体福利等公益设施支出。村集体经济组织当年的应付福利费可以超支，超支数额经规定程序批准后，可以用公积公益金弥补。

为全面反映应付福利费的提取及使用情况，村集体经济组织应设置"应付福利费"账户，该账户属于负债类账户。贷方登记按照批准的方案，从收益中提取的福利费；借方登记使用的福利费金额；期末贷方余额，反映已提取但尚未使用的福利费金额；借方余额，反映本年度福利费超支金额，经过批准后，应按规定转入"公积公益金"账户的借方，未经批准的超支数额，仍保留在本账户的借方。为反映各种福利费开支情况，应在"应付福利费"账户下，按支出项目设置明细账户，进行明细核算。针对应付福利费的会计核算特点，主要应当从应付福利费的提取和使用两个方面开展审计。

（一）应付福利费提取合理性的审计

村集体经济组织应当根据相关政策规定，并经成员大会批准的年度收益分配方案确定的比例，从当年实现的收益中提取应付福利费。审查时，应查看年度收益分配方案，按方案确定的比例及本年度实现的收益计算出应提取的应付福利费金额，并与实际提取的应付福利费金额比较，最终确定村集体经济组织本年度提取的应付福利费是否合理。

【案例3】2017年度，村集体经济组织实现收益80 000元，根据有关规定,并经成员大会批准的收益分配方案中规定:按年度收益15%提取福利费。经审计人员审查,本年度该村集体经济组织应提取的应付福利费为 80 000×15%=12 000元;而查看村集体经济组织年度收益分配的会计核算时,发现本年度村集体经济组织在收益分配时提取了15 000元的福利费。因此,得出审计结论:该村集体经济组织本年度在收益分配时,多提取福利费15 000-12 000=3 000元,与会议决定不符,是不合理的。

(二)应付福利费使用合理性、合规性的审计

应付福利费的使用主要通过"应付福利费"账户的借方发生额体现,审查应付福利费使用的合理性、合规性主要是查看当期"应付福利费"科目的借方发生额及期末余额。

【案例4】2017年度,村集体经济组织"应付福利费"账户年初贷方余额为500元,本年度收益分配时提取的应付福利费为12 000元,本年度"应付福利费"账户借方发生额合计数为12 800元,年末超支的应付福利费 12 800-(500+12 000)=300元,用公积公益金进行了弥补,转入"公积公益金"账户的借方。"应付福利费"账户年末余额为0元。

经审查,本年度被审计单位实现收益80 000元,经成员大会批准的收益分配方案中规定的应付福利费提取比例为15%,因此,本年度收益分配时提取的12 000元应付福利费是合理的。同时,通过进一步审查,发现当期"应付福利费"账户借方发生额明细如下:集体福利支出3 000元、文教支出2 500元、卫生支出1 600元、建敬老院支出3 500元,照顾烈军属、五保户、困难户支出2 200元,年末超支的应付福利费300元,在未按规定程序批准的情况下,用公积公益金进行了弥补。因此,得出以下审计结论:

(1)建敬老院支出3 500元为兴建集体福利公益设施支出,按规定不应该从应付福利费中列支。

(2)年末在未按规定程序批准的情况下,将超支的应付福利费转入"公积公益金"账户的借方,违反了相关规定。

第二节 长期负债审计

长期负债是指将在1年(不含1年)或超过1年的一个营业周期以上偿还的债务,主要包括长期借款及长期应付款等。长期借款一般是为满足正常生产经营活动和公益事业建设需要借入的款项或赊购物资形成的,通常用于农

田水利基础设施建设、村级道路桥涵修建以及一些项目配套等。长期借款及应付款具有借款期限长、金额大的特点，必须加强对长期借款及应付款的审计。

一、长期借款的审计

（一）长期借款的审计内容

对长期借款的审计应从以下几个方面进行。

1. 审查长期借款是否属实

主要审查长期借款申请书及有关批准文件，并与有关凭证核对，查明借款是否属实，有无虚构隐瞒。其他有关情况可参见短期借款。

2. 审查长期借款核算是否正确

审查时，应根据长期借款的核算特点从以下几个方面进行。

（1）将资产负债表中长期借款项目同长期借款总分类账户进行核对、长期借款总分类账户的期初余额、本期贷方发生额和期末余额与有关借款凭证进行核对，以检查长期借款核算是否存在错弊。

（2）将长期借款明细账户的本期贷方发生额，同银行存款日记账、在建工程明细账和固定资产明细账相应项目的借方发生额逐一核对。

（3）将长期借款明细账户与相应的借款对账单核对。

3. 审查长期借款的性质和用途

主要查明长期借款的具体用途，是构建固定资产、进行有关更新改造，还是进行其它基本建设，实际用途与借款要求是否一致，有无随意使用、与短期借款混用等情况。

4. 审查长期借款利息

根据借款总额和规定的利率计算各期应支付的长期借款利息，并核对有关凭证和账户记录，以验证各期利息的计算及支付是否正确。

5. 审查长期借款归还的及时性

审查时，要审查借款期限及有关还款凭证，查明是否如期归还，与银行对账单核对，查明归还的借款是否属实，是否正常。审查时，还可以比照短期借款编制长期借款账龄分析表，了解拖欠的时间和原因，督促被审计单位采取措施，尽早归还。对于超过1年或一个经营周期而未偿还的流动负债，要审查其转作长期负债的会计处理；对于那些预计在1年或一个经营周期内偿还的作为长期负债借入的款项，要注意审查其转作流动负债的会计处理。

(二) 长期借款核算与管理审计技巧

1. 长期借款的使用不符合规定

长期借款是为满足一定项目对长期资金的需要而取得的，按规定应专款专用。但是有的企业或村合作经济组织却违反金融纪律和财务制度，擅自改变长期借款的用途，将其挪用于其他方面长期占用。对此类错弊问题，审计人员应根据"长期借款"有关明细账贷方记录与相应的会计凭证进行核对，并检查对方账户，通过实际工程增加数和长期借款的增加数对比，查明有无挪用借款或长期占用借款的问题。

2. 长期借款利息的处理不规范

主要表现：一是多提借款利息，调整当年利润（收益）。有的企业或村合作经济组织，通过虚提、多提长期借款利息的方法挤占当年利润（收益）。二是已付长期借款利息长期挂账，形成潜亏。有的企业或村集体经济组织采取不提长期借款利息或已付长期借款利息长期挂账"待摊费用"的手段，减少了本期费用，虚增了当年盈利，实际上形成了隐性亏损。对此类错弊问题，审计人员应通过核对"长期借款－应计利息"明细账中各期利息的计算，并与借款计划比较，从而查明长期借款利息的计算是否准确。同时，通过查阅"预提费用"明细账，确认长期借款利息是否记入了该账户。

二、长期应付款的审计

长期应付款是指偿还期在1年以上（不含1年）的应付款项。长期应付款审查的基本内容、方法等可参照长期借款审计的内容和方法。要特别说明的是：

(一) 长期应付款会计核算真实性的审查

审查时，应将长期应付款明细账户同对应的资产明细账核对，查明对应关系是否清楚，确定其核算的准确性。

(二) 长期应付款发生是否合法的审查

一般可结合长期应付款具体项目的审查进行。

(三) 长期应付款偿还及时性的审查

主要是根据合同或协议规定的偿还期，核对有关明细账的借方记录，了解偿还时间和数额是否一致，对于拖欠的款项应查明原因。

第八章　农村集体经济财务收支审计

第一节　各项经济收入审计

随着农村税费改革的深入，村集体经济组织的会计核算内容发生了重大变化。村集体经济组织既有管理、服务职能，又从事一定的生产经营活动。目前，村集体经济组织的收入主要包括3大部分：自身生产经营活动取得的收入；农户及所属单位和企业上交的承包金及利润；国家及上级有关部门的财政补助。从会计核算上可以分为经营收入、发包及上交收入、补助收入及其他收入。

一、收入内部控制制度

建立收入内部控制制度是为了保证收入款项能及时入账，防止发生挪用、贪污等情况。存在销售业务的村集体经济组织应当建立收入内部控制制度。其审查的主要内容有。

(一) 审查不相容职务分离情况

审计人员应审查被审计单位销售机构的设置与人员配备是否健全、合理，职能是否明确，不相容职务是否分离。

(二) 审查合同控制

被审计单位是否建立了合同制度，并有专人登记和管理并检查在实际销售工作中合同是否切实有效地执行。

(三) 审查销售折扣、折让和退货

建立销售折扣、折让和退货制度是为了促销或减少损失。审计时，要检查被审计单位是否建立了这方面制度，退货是否专人审批，并确认退货原因，办理入库手续；退款时是否取得对方收款凭证，销售折扣或折让是否经过审批。

(四)审查销售票据与结算制度

销售票据是收入结算的依据,也是防止错弊的重要凭证。应从票据装订成册、连续编号、空白票据专人保管等方面审查。被审计单位是否建立了结算制度,并积极催收货款。

二、经营收入的审计

经营收入是指村集体经济组织进行生产、服务等经营活动取得的收入。包括农产品销售收入、物资销售收入、租赁收入、服务收入、劳务收入等。

(一)明确收入的确认原则、方法

收入必须在全部满足下列条件时才予以确认:一是村集体经济组织将销售的商品或劳务的所有权上的主要风险转移给购买方;二是村集体经济组织既没有保留通常与所有权相联系的继续管理权,也没有对售出的商品或劳务实施控制;三是与交易相关的经济利益能够流入企业;四是相关的收入和成本能够可靠地计算。

(二)经营收入真实性审计

1. 检查经营收入的账表资料是否相符

检查经营收入总账与明细账、收益及收益分配表核对是否相符,并对收入数额较大的抽查一部分凭证进行账证核对,必要时还应该核对现金、银行存款和存货有关账簿记录。

2. 检查审计期间经营收入变动是否异常

根据经营收入明细表,编制经营收入分析表,分析经营收入的变动是否正常,若有异常应分析其原因,以核实经营收入是否存在漏记、隐瞒或虚记现象。

3. 审查经营收入确认的正确性

按照收入实现的确认原则,区分不同的销售结算方式进行审查。

(1)交款提货销售,应于收到货款或获得索取货款的权利,交付票据、账单、提货单时确认。

(2)预收账款销售,应于发出货物时确认。

(3)托收承付结算方式销售,应于货物已发出,劳务已提供,并办妥托收手续时确认。

(4)委托代销方式,应以货物已销售并收到代销清单时确认。

(5)分期收款结算方式,应于本期收到货款或合同约定收款日期确认。

4. 审查销售收入计算的正确性

主要查明销售数量是否准确、销售单价是否符合规定。

(1) 结合销售方式和货款结算方式、签发的发货票、库存商品明细账及经营收入明细账的记录核对相互之间销售数量是否一致,审查销售数量,有无弄虚作假。

(2) 审查销售价格时,应注意销售的定价是否符合有关规定,有无销售折扣和折让发生。审查时,应注意有无只确认经营收入,不确认残次品收入;有无以物易物,漏记收入;有无下期收入提前入账,或推迟收入等现象发生。

(三) 经营收入合法性审计

主要审查被审计单位是否遵守国家有关销售业务方面的法律法规和财经制度的规定,有无弄虚作假、营私舞弊行为。

1. 审查是否执行销售合同

审查被审计单位是否严格执行销售合同,审查合同的内容是否合法,有无不正当的交易,是否经过公证。

2. 审查销售票据

审查被审计单位的销售票据,审查是否存在涂改、撕毁销售票据,贪污销货款等问题,有无利用假票据搞非法销售活动。

3. 审查是否隐瞒或转移销售收入

审查被审计单位是否有意隐瞒收入或转移销售收入,或虚增利润。

4. 审查有无内外勾结的行为

审查被审计单位有无利用销售退回、折扣、折让内外勾结,串通作弊的行为。

三、发包及上交收入审计

发包及上交收入,是指农户和承包单位因承包集体耕地、林地、果园、鱼塘等上交的承包金及村组办企业上交的利润。

发包及上交收入审计的内容主要有:一是承包合同规定的上交款是否符合相关规定。二是审查承包上交款是否全部入账,是否存在财务制度不严,村干部人人乱收款,造成部分上交款落入个人腰包等情况。核查的方法是将明细账中各户应交款、实交款张榜公布或逐户核对,发现问题和漏洞,及时追查原因。三是审查上交任务完成情况,对未完成上交任务的,应分析原因,坚持合同兑现。年末尚未交齐的,应检查尾欠部分是否结转下年。此外，还应检查因受灾等原因减免上交部分，是否经过成员大会或成员代表大会讨论通过，有无上级批准等。四是审查账务处理是否坚持收支两条线，有无承包款不入账，收支相抵而不能正确反映经营成果的现象。五是审查承包收入款有无相互混淆，检查上交的承包收入款与其他上交款项有无相混淆的现象。

四、补助收入审计

近年来，国家对农业农村的投入力度不断加大，加强对村集体财政补助收入的审计显得尤为重要。补助收入的审计主要内容包括：一是审查补助收入入账是否及时、准确，与相关部门核对补助收入明细账，核实补助资金是否及时入账；二是检查是否设置财政补助资金专户。补助资金是否直接进入村集体专户，是否存在补助资金进入个人账户或其他账户，侵占村集体收入的情况。

五、其他收入审计

其他收入，是指除经营收入、发包及上交收入、补助收入以外的其他收入。审查的主要内容包括以下几个方面。

（一）审查其他收入的内容、范围是否符合规定

村集体必须划清其他收入与经营收入、发包及上交收入、补助收入和投资收益的界限。如，出售股票、债券的净收入应计入投资收益；无法偿还的应付款、固定资产出售和报废的净收入都应列入其他收入等。

（二）审查其他收入发生额是否真实

由于其他收入的发生没有规律，数额通常不大，一般没有严格的内部控制，容易诱发一些问题。如运输劳务收入、销售材料收入作为小金库或落入个人腰包等。

第二节　各项费用（支出）审计

村集体经济组织在生产、销售产品物资、对外提供劳务等活动中，必然要发生各种消耗，包括原料如种子、化肥等物资的消费、农业机械设备或经济林木等劳动手段的耗费，人工等劳动力的耗费以及其他支出，这些耗费和支出构成了村集体经济组织的费用。成本是按照一定对象所归集的费用，是

对象化了的费用。也就是说，成本是按照产品品种或劳务项目对当期发生的生产费用进行归集而形成的，与一定种类和数量的产品或劳务相联系。村集体经济组织如违反财经纪律，不合理地使用资金而影响经营效果，大都发生在支出方面。因而，认真审查支出是否合理有效，是提高农业资金利用效益，保护村集体经济组织的重要工作。

一、经营支出的审计

经营支出审计是指对被审计单位经营支出的真实性、合理性和成本计算正确性的审查。通过经营支出审计，监督被审计单位严格遵循《村集体经济组织会计制度》，确保产品成本的真实性、合法性和正确性，促进合作社建立健全费用控制制度，提高管理水平，降低产品成本，提高经济效益。

（一）对经营支出内部控制制度的审查

1. 抽查法

采用抽查法，对被审计单位主要产品的成本计划与费用预算进行审查。审查是否建立了成本计划、费用定额、预算等制度，并且认真执行。

2. 询问法、实地观察法

采用询问法、实地观察法，检查被审计单位是否建立成本费用的归口分级责任制控制制度。审查是否建立成本费用的考核与评价制度，及其贯彻执行情况如何。

3. 审阅法

采用审阅法对费用原始记录进行检查。查明内容是否完整，手续是否齐全，计算是否正确。

4. 材料及产品验收制度

对材料、产品的计量验收制度及其执行情况进行重点检查。必要时应进行实地盘点，检查账实是否相符，有无弄虚作假调节成本。

5. 成本核算制度的执行

审查是否按规定归集和分配费用，成本计算方法的采用是否前后期一致。

（二）直接材料费用的审查

主要审查直接材料耗用量、直接材料计价以及直接材料费用分配等。

1. 直接材料耗用量的审查

审计人员应着重审查各种材料的领退料单和材料费用分配表，并逐项加以核对，检查其数量是否相符，材料费用的开支范围是否合规，查明直接材料耗用量中有无把非生产性用料，如基建、福利用料等计入直接材料费用的情况；有无材料耗用量超计划或定额的情况，已领未用的材料是否办理退库或办理假退料手续，有无虚增材料成本的现象。

2. 直接材料计价的审查

直接材料的计价，既可采用计划价格，也可采用实际价格。耗用材料的计价是否恰当，将直接影响生产(劳务)成本的高低。审计人员在审查时，首先要查明被审计单位日常材料耗用核算采用的计价方法、计算方法是否合理、合法，是否前后期一致；有无在一个会计年度内既使用计划价格，又使用实际价格，致使产品成本失真的情况。在采用实际价格计价的情况下，有无期末材料库存单价与生产耗用材料的单价相比出入较大的情况；在采用计划价格计价的情况下，有无利用材料成本差异分配，人为调节生产(劳务)成本的现象。另外，还应审查有无故意提高或压低生产材料的价格，人为调节生产(劳务)成本的情况。

3. 材料费用分配的审查

审计人员通过审阅、复核、核对等方法，对材料耗用分配表、有关记账凭证、生产(劳务)成本明细账等进行审查，证实材料费用分配依据、分配方法和分配结果是否真实、正确，有无弄虚作假的行为，将不应计入产品成本的材料费用计入产品成本，或将应计入产品成本的材料费用计入其他费用，虚增、虚减成本的现象等。

(三) 直接人工费的审查

直接人工费是指直接从事生产工作的人员的工资、奖金和津贴等。审查时可在了解被审计单位工资总额管理制度的基础上，通过审阅、核对、分析有关劳动人事资料、考勤记录、工资结算表、工时记录、工资费用分配表等资料，查明工资的内部控制是否完备，执行是否严格，工资组成内容是否真实、合规，工资标准是否合理，计算是否正确等。

1. 审查直接工资结算的正确性

通过审阅、核对工资结算单和工资结算汇总表，逐项审查工资计算及汇总的正确性。在审查中注意是否存在下列问题：一是发给职工的福利性补助费、医药费等不属于工资总额范围的支出列入应付工资；二是任意扩大享受各种津贴的人员范围，扩大计算津贴的基数，提高津贴标准；三是虚列人员名单"吃空头"；四是未领工资未作及时处理；五是将非产品生产人员的工资计入产品成本。

2. 审查直接工资费用分配的正确性

首先应审查作为分配标准的产品实用工时或定额工时是否真实正确，进而在审查分配的方法是否合规，计算是否正确，产品应分配直接工资费用数额是否正确。审查中应注意以下问题：一是村集体所选用的分配方法是否符合实际情况；二是在一个会计期间内是否任意改变分配方法；三是实耗工时或定额工时，产量的统计资料是否真实，与有关部门的数据是否一致；四是分配结果是否正确，有无随心所欲地进行分配等。

（四）产品成本的审查

对产品成本的审查，包括对产品数量和计价方法两个方面的审计。在审查中，应注意了解确认村集体的成本计算方法是否科学、合理，是否符合被审计单位自身的生产经营特点，是否符合成本核算原则，产品成本的计算是否真实正确，并公允地反映了实际耗费情况，是否存在错弊现象等。

1. 检查产品数量

通过审阅生产部门提供的产量统计表和财会部门的产品成本计算单、产品明细账，验证产品数量是否相符；将仓库的产品入库单与生产车间的完工产品记录进行核对，查明产品完工数量与入库数量是否一致。注意有无虚增产量，将废品代替产品入库，或虚减产量，将已完工的产品不入库，隐匿不报，从而人为地调节产品成本。

2. 检查产品计价方法

应检查产品计价方法是否符合规定，并保持前后期一致；是否符合被审计单位生产经营和产品工艺流程的特点及成本管理的要求；还应审查产品成本计算是否正确。

二、管理费用的审计

管理费用是村集体经济组织管理活动发生的各项支出，如管理人员的工资、办公费、差旅费、管理用固定资产的折旧和维修费用等。管理费开支的项目很多，且许多项目是属于固定性质的。因此，在管理上也极易出现问题。对于管理费的支出范围和标准，许多地方制定了定项限额、包干使用制度。所以审计管理费用的支出，要依据上述规定的限额制度进行。

（一）管理费用的审查

1. 审查管理费用列支是否符合规定

会计制度中规定了管理费用的明细项目，审查时，应注意有无将生产成本、其他支出等列入管理费用的情况。

2. 审查管理费用列支标准是否符合规定

管理费用大多数项目村集体都有计提比例和开支标准，审查时，注意有无任意扩大范围，提高列支标准的情况，如干部报酬的支付是按照上级政策规定，是否附村组织集体讨论通过的限额内。

3. 审查管理费用的截至日

获取结账日前后两周的管理费用明细账及有关凭证，检查管理费用是否有超期入账现象。对重大超期项目，应作必要调整。

4. 审查管理费用的结转是否符合规定

期末管理费用是否计入当期损益，有无摊入产品成本或结转下年的情况。

(二) 管理费用审计

1. 办公费的审计

村集体经济组织的办公费一般包括账簿、凭证、文具、纸张、水电费等。

2. 差旅费的审计

差旅费是指村集体经济组织管理人员和委派的其他人员因公外出开会、接洽业务发生的费用。

3. 招待费的审计

目前很多地方实行村级组织"零招待"制度，在审计过程中，要注意有无仍然列支招待费的情况。

4. 干部工资补贴的审计

干部工资补贴是否符合规定。

第三节 收益和收益分配审计

收益是村集体经济组织在一定时期内的经营成果，是衡量村集体经营管理水平和经济效益的综合性指标。收益审计是指对被审计单位一定时期内实现收益及其分配的真实性、合法性、正确性的审查。村集体当年实现可分配收益在集体和个人之间进行分配。收益审计重点要把握以下几点：一是必须全面正确地反映村集体的收益情况，各项收入及各项支出是否全部结转到"本年收益"账户；二是要坚持统筹兼顾、综合平衡的原则，既要保证村集体积累有所增加，又要保证村集体成员分到应得的部分。

一、收益业务内部控制制度

（一）审查是否建立完善、有效的收益内部控制制度

审查是否设置有关收益形成的控制点，控制措施是否严密并行之有效，有无弄虚作假，随意计算损益情况。

（二）审查是否建立完善、有效的收益分配业务的内部控制制度

检查村集体是否由成员大会或成员代表大会制订分配方案，是否遵守投资协议或村集体各项规章制度规定；收益分配是否按规定的审批手续办理；财会人员是否建立了完整的记录和决算制度。

（三）审查在收益形成或分配业务中不相容职务的分离

审计人员应采取适当的审计程序，检查被审计单位是否建立了相应的岗位责任制度，并检查执行情况。

二、收益形成的审计

收益形成的审计一般是按收益总额的组成项目，结合各自的特点分别进行审查。

（一）经营收益的审计

此项主要是通过收益及收益分配表与有关总账、明细分类账的核对，查明是否账账相符、账表相符。经营收入、发包及上交收入、管理费用等的审查已经在前面的内容中作了介绍，下面着重对经营支出进行审查。经营支出的审查要点是两个方面。

1. 审查经营支出的计价

通过库存物资明细账等，核查村集体所采用的计价方法是否前后一致，验算其计算是否正确，有无多转或少转经营成本的现象。

2. 审查经营支出的结转是否符合配比原则

即审查实现经营收入和结转经营支出的商品品种、数量及入账时间是否一致。

（二）投资收益的审查

投资收益是指村集体对外投资收益抵减投资损失后的净额。审查一般从两个方面进行：一是审查投资收益的真实性。抽查一部分对外投资的账簿记录，与相关会计凭证逐一核对，检查是否一致、真实，是否有隐匿收益，虚列损失的问题；二是审查投资收益账务处理的正确性。先检查村集体采用的

核算方法是否正确、合规，其次审查账务处理是否符合制度规定，有无计算上的错弊行为，最后复算验证投资收益额的正确性。

对外投资的审计重点。

1. 投资内容的真实性

审查对外投资的内容是否真实，有无将其他借入资金、国家专项拨款以及其他预交款列入对外投资的情况。同时，还要审查对外投资来源中，有无国家干部、村干部、个人入股，防止以权谋私、变相私分。

2. 投资条件是否具备

村集体经济组织是否具备对外投资的条件，有无为个人谋取私利，不顾自身资金状况，强行投资而影响生产经营活动的情况。

3. 投资前途如何

接受投资的单位经营效益和发展前途如何，投资能否达到预期效果，投资权益能否得到保证，存在什么问题。

4. 投资合同是否合规

对外投资合同、协议是否合规、合理，是否经过成员大会或成员代表大会讨论或论证，合同条款是否完备、有效，投资双方互惠互利的条件和应该履行的权利和义务是否明确。

5. 投资分利是否合理

投资分利是否合理，是否足额入账，有无投资分利被截留、挤占、挪用和贪污等情况。

6. 投资后对本单位的影响

审查投出的固定资产、农业资产或物资是否属本单位所有或借用的，投出后本单位生产有无影响，考察利弊。

7. 投资分利率是否合理

投资分利率同企业资金利润率是否相称，是否按合同规定的分利标准进行分利，有无投资的本金不能收回，给村集体经济组织带来经济损失的情况。

(三) 其他收益的审计

审计各项应上交村集体的承包收益是否已经全部记入。审计收益调整是否真实。如村办企业上交款，有关部门拨入的补贴收入是否及时调整增加，发生亏损是否及时调整减少。

三、收益分配审计

村集体实现收益后，要按照会计制度和有关规定进行收益分配。收益分配审计就是对村集体收益分配的真实性、合法性和正确性所进行的审查活动。审计人员应通过审阅收益分配明细账，并对照收益分配表，查明收益分配的顺序是否遵守财务会计制度的规定，揭示不按规定任意进行分配的问题。在此基础上进一步按收益分配的内容逐项审查其真实性和正确性。

1. 审查提取公积公益金

检查公积公益金是否按照收益扣除弥补上年亏损后进行，提取的比例是否符合规定，账务处理是否正确，是否存在随意增大或缩小提取比例和数额的情况。

2. 审查分配给投资者的收益

查阅成员大会或成员代表大会记录，分析收益分配明细账及有关凭证，检查被审计村集体向投资者分配收益是否办理了合法的审批手续，收益分配比例是否合理，计算是否正确，有无拖欠、少分、故意不分或以投资收益的名义非法转移村集体收益的情况。

3. 审查未分配收益

对未分配收益的审查，应在上述因素审查无误后，检查其数额计算是否正确，并与收益分配账户未分配收益明细账的余额相核对。最后还应检查资产负债表和收益及收益分配表中未分配收益列示的正确性。

4. 审核收益分配账务处理的正确性

审查时，可以通过复核村集体各相关明细账之间有关数额的过账、加计和核算，从而确认村集体年度未从本年收益账户结转至收益分配账户的数额是否一致，收益分配账户的收益分配额是否与实际计算的数额相符，是否按核定比例入账等。

第九章　农民负担专项审计

第一节　农民负担专项审计概述

一、农民负担专项审计的概念

农民负担是指农民在生产经营活动和收益分配过程中，以及生活当中所承担的向国家、集体及社会有关部门、有关方面缴纳的税费、财物、提供劳务等的总称。在我国社会历史的不同阶段始终存在着农民负担问题。但负担的程度不同，在农村实行家庭承包制以来，农民负担主要由4部分构成，一是向国家缴纳的各种税金，二是一事一议的筹资筹劳，三是行政事业性收费、罚款等，四是以工农业产品剪刀差为主要内容的隐性负担。农村税费改革以来，农民负担的内容主要是"一事一议"筹资筹劳、行政事业性收费、罚款和工农业产品价格剪刀差形成的隐性负担。

农民负担专项审计是农村集体经济审计的一个重要组成部分，是由各级农民负担监管部门或县、乡农村经营管理部门组织实施的对农民负担情况的专项审计。

二、农民负担专项审计的依据

（一）综合性政策法规

《国务院关于全面推进农村税费改革试点工作意见》（国发〔2003〕12号）；《国务院办公厅关于做好当前减轻农民负担工作的意见》（国办发〔2006〕48号）；农业部、国务院纠风办等六部委《关于进一步做好减轻农民负担工作的通知》（农经发〔2005〕13号）；农业部、国务院纠风办、财政部、国家发展改革委、国务院法制办、教育部《关于认真做好2007年减轻农民负担工作的通知》（农经发〔2007〕11号）；省级政府出台的有关农民负担法律法规和制度等。

(二)"一事一议"筹资筹劳审计的有关政策法规

国务院办公厅《关于转发农业部〈村民"一事一议"筹资筹劳管理办法的通知〉》(国办发〔2007〕4号);各地出台的有关"一事一议"筹资筹劳政策规定。

(三)有关农民负担的处理处罚政策法规

中央纪委、监察部、农业部《关于执行中央"两办"〈关于对涉及农民负担案(事)件实行责任追究的暂行办法〉若干问题的解释》;各地各级政府出台的有关违反农民负担制度的处理意见。

(四)其他涉及农民负担的政策法规

中共中央办公厅、国务院办公厅《关于进一步治理党政部门报刊散滥和利用职权发行,减轻基层和农民负担的通知》(中办发〔2003〕19号);国务院纠风办、新闻出版总署、农业部(现农业农村部)、教育部《关于全面实行乡镇、村级组织、农村中小学校公费订阅报刊最高限额标准,切实加强监督落实工作,减轻基层和农民负担的通知》(新出联〔2003〕18号);各地财政、物价等部门关于行政和事业性收费的有关规定。

三、农民负担专项审计的特点

(一)农民负担专项审计职能的多样性

从审计职能的行使情况来看,农民负担专项审计具有国家审计的特征,要监督、鉴证和评价审计对象对国家减轻农民负担以及惠农政策的落实情况,对审计过程中发现的严重加重农民负担问题以及惠农政策落实不到位的现象和主要责任人要依照相关政策法规予以处分或移送相关部门。同时农民负担专项审计还具有农村集体经济审计的特征,要对村集体经济组织内部的农民负担事项进行监督、评价。

(二)农民负担专项审计对象的多样性

与农村集体经济审计相比,农民负担专项审计对象具有多样性特征,不仅包括通过"一事一议"向农民筹资筹劳的村集体经济组织,也包括向农民或村集体经济组织以及农民专业合作社等农村组织收费、罚款的行政事业单位和有关部门,同时还包括按照国家法规政策规定,向农村集体经济组织、农民个人发放钱、物或在农村实施的工程项目等的行政事业单位和有关部门。

(三) 农民负担专项审计内容的多样性

农民负担专项审计的内容不仅包括向农民收取费用的审计，如一事一议筹资筹劳的审计、向农民收取行政事业性收费、罚款的审计；也包括向农民发放钱、物的审计，如种粮农民补贴发放的审计、农村低保发放的审计；还包括向村集体经济组织、农民专业合作社等由农民为主体组成的农业组织收取费用、罚款、不合理摊派的审计，以及向村集体经济组织、农民专业合作社等农村组织发放补贴、扶持资金、实施工程项目等情况的审计。

四、农民负担专项审计的意义

(一) 有利于巩固农村税费改革成果

通过农村税费改革取消了在中国实施了2 000多年的"皇粮国税"，农民上交的集体提留、乡(镇)统筹、义务工、劳动积累工得以免除，农民负担显著减轻，农村生产力得到了进一步解放，农民生产积极性空前高涨，农村经济快速发展，巩固这些改革成果的关键在于农民负担不反弹。通过农民负担专项审计，可以有效地监督农民负担情况，可以有效地扼制面向农民的乱收费、乱罚款、乱集资，从而达到农民负担不反弹的目的，进而进一步调动和保护农民发展生产的积极性，促进农村经济健康快速发展。

(二) 有利于落实中央及各级地方政府的减轻农民负担政策

随着国民经济不断发展和农村经济体制改革的不断深入，中央和各级地方政府制定出台了一系列减轻农民负担、保障农民合法权益的法规、政策，特别是农村税费改革以来，中央实行了一系列的强农惠农富农政策，如对种粮农民直接补贴、农作物良种补贴、农业生产资料综合补贴、农机具购置补贴、退耕还林补助、新型农村合作医疗、农村最低生活保障、新型农村社会养老保险、农村五保户供养、全部免除农村义务教育阶段学生的学杂费和免费提供教科书等惠及农村多数人口的政策，这些政策的实施，极大地促进了农村经济社会和谐发展。通过农民负担专项审计，可以对各地落实强农惠农富农政策进行监督和评价，及时发现问题纠正偏差，确保各项政策不折不扣地落实到位。

(三) 有利于保障农村基层组织正常运转

当前多数村集体经济组织要依靠农村财政转移支付资金维持正常运转，保障财政转移支付资金及时、足额拨付到位，关系到农村基层政权的巩固，同时严格村级组织按政策规定使用财政转移支付资金，可以有效防止村级组织债权债务恶性膨胀。通过农民负担专项审计，可以有效防止基层政府截留挪用村级财政转移支付资金，可以监督和评价村级组织财政转移支付资金的使用情况，可以通过对挪用、截留、贪污财政转移支付资金单位和个人的严肃处理，维护财经纪律，促使村级财政转移支付资金及时足额到位并按规定用途使用，进而保障村级组织正常运转和农村基层政权的稳定。

第二节 农民负担专项审计的主要内容和基本程序

一、农民负担专项审计的主要内容

农民负担专项审计的对象主要是农民承担的费用与劳务的立项、议事、审批、管理和使用单位以及涉及资金、实物的强农惠农富农政策实施的单位。农民负担专项审计的主要内容包括：一是农村一事一议筹资筹劳项目的设置、筹资筹劳标准、议事和审核、审批程序是否符合法律法规、政策制度的规定；二是通过一事一议筹资筹劳实施的农村公益事业项目是否按规定公开招投标、实施、验收和公布；三是通过一事一议筹资筹劳收取资金和分摊劳务是否使用了错误的方法，筹集的资金以及财政奖补资金的管理是否符合相关政策规定，是否坚持"定项限额"，有无平调和挪用现象；四是农民负担的费用和劳务的收支、项目预决算的制定与执行是否合规、合法，财务会计核算方法是否符合有关政策规定和会计制度，会计资料是否真实、完整；五是村级财政转移支付资金的分配、拨付、管理使用、核算、公开情况；六是使用乡（镇）财政转移支付资金中的计划生育、道路建设、乡村办学、优抚款和五保户抚养费的单位对资金的分配拨付、管理、使用、核算、公开情况；七是国家及各级地方政府制定出台的惠农强农富农政策中有关单位涉及向农民、农村拨付、管理、使用资金和物资的情况；八是受当地人民政府委托，会同有关部门审查涉及农民负担的行政事业性收费、集资、基金的提取和使用情况等；九是办理上级机关和当地人民政府交办的其他有关农民负担的审计事项。

二、农民负担专项审计的基本程序

（一）确定审计工作目标

农民负担专项审计应当按照上级业务主管部门和当地人民政府的安排部署，结合当地农民群众反映的热点问题，确定审计工作重点和年度审计工作目标。

(二) 编制审计工作方案

审计工作目标确定后，要编制农民负担专项审计工作方案，成立专项审计组织，并按照工作计划的要求通知被审单位。

(三) 审计工作实施

审计组织应当根据审计方案的要求和职责范围，通过审查与审计项目有关的会计凭证、账簿、报表、预决算资料，查阅有关文件、会议记录、承包合同等，检查现金、实物，向有关单位查询及向农民调查等方式，审查有关事项，取得审计证据和有关的证明材料。

(四) 出具审计报告

审计组织出具审计报告并征求被审单位意见。

(五) 作出审计结论和决定

农村集体组织审计机构审定审计报告并做出审计结论和审计决定。

(六) 送达审计决定

向被审单位送达审计决定并通知被审单位以及有关单位执行。

(七) 上报当地政府

农民负担专项审计报告、审计结论和审计决定应当同时报当地人民政府。

(八) 复审与复审决定

被审计单位对审计结论和审计决定有异议时，应当在收到审计结论和审计决定后15日之内，向上级审计业务主管部门申请复审。上级审计业务主管部门应当在接到申请复审报告后30日内，作出是否复审结论决定。被审单位在要求复审和复审期间，原审计结论和决定照常执行。

三、农民负担专项审计的职权范围

农民负担专项审计的职权范围包括：一是检查被审单位与农民缴纳的资金和承担的劳务有关的文件、资料和账务；二是参加被审单位与审计事项有关的会议，并对审计过程中发现的问题进行调查取证；三是责成被审单位纠正错误分摊、收取、管理和使用办法，退还违法收取的款物；四是责成被审单位纠正截留、挪用应当支付给农民或农村集体经济组织、农民专业合作社等农村组织的款物的问题；五是对审计中发现的违法违规加重农民负担的问题，按照有关规定，向主管部门提出处理建议；六是对阻挠、拒绝和破坏农民负担专项审计工作的单位，报当地人民政府经批准后，可以采取封存账册和资料等临时性措施，并提出追究有关责任人的建议；七是对审计过程中发现的重大问题和涉及有关负责人的事项，及时上报上级主管部门和上级人民政府，并提出处理建议。

第三节 一事一议筹资筹劳及各项用工审计

农村税费改革逐步取消了村提留、乡统筹和义务工、劳动积累工，规定村级公益事业建设所需的资金和劳务，实行村民一事一议。政府对村民通过规范的一事一议筹资筹劳开展村内公益事业建设项目的村级组织，采取以奖代补的方式，给予一定额度的财政补贴。对一事一议筹资筹劳开展审计，重点是审查一事一议筹资筹劳建设项目的立项、审核、审批是否符合相关政策、法规的规定程序，通过一事一议筹资筹劳收取的资金、财政奖补的资金以及劳务的管理、核算是否符合财经法规和财务制度的规定，一事一议筹资筹劳建设项目的招标、实施、监管、验收以及资金和劳务的使用是否符合相关政策的规定。

一、一事一议筹资筹劳项目的立项、审核、审批审计

（一）一事一议筹资筹劳建设项目立项的审计

一事一议筹资筹劳建设项目的立项，是指村级组织通过民主评议程序决定，通过一事一议筹资筹劳建设村级公益事业项目的过程。对一事一议筹资筹劳建设项目的立项审计，应当重点从以下4个方面进行：一是审查建设项目的立项是否事先通过公开征询群众意见，是否采用张榜公开、会议、征求意见表等方式搜集群众意见建议；二是审查村集体经济组织或党支部、村民委员会确定一事一议筹资筹劳建设项目意见，是否召开村民大会或村民代表会议进行民主评议，提交村民大会或村民代表会议民主评议的一事一议筹资筹劳建设项目，是否编制有较为详细的项目预算概况和筹资筹劳标准以及收取、使用办法；三是审查村民大会或村民代表会议审议一事一议筹资筹劳项目时，出席会议的村民或代表是否符合规定人数，审议程序、内容是否符合相关规定，形成的决议是否符合法定表决票数；四是审查村民大会或村民代表会议评议表决通过的一事一议筹资筹劳项目，是否按有关法规政策的规定向村民公开，公开的程序、形式、内容、时间等是否符合规定。

(二)一事一议筹资筹劳建设项目审核的审计

对一事一议筹资筹劳建设项目审核的审计，主要是审查乡（镇）人民政府是否按照相关法规政策的规定，对村级组织上报的一事一议筹资筹劳建设项目进行依法审核。对一事一议筹资筹劳建设项目审核的审计，应当重点审查5个方面的内容：一是审查村级组织是否按规定编制、上报一事一议筹资筹劳建设项目的文件资料和建设项目的实施方案、预算资料等；二是审核议事主体是否符合一事一议筹资筹劳的法规政策规定；三是审查村级组织上报的一事一议筹资筹劳建设项目，是否符合农村税费改革的政策规定；四是审查筹资筹劳的标准和筹资筹劳方法，是否符合农民负担法规政策的规定；五是审查乡（镇）人民政府审核村级组织上报的一事一议筹资筹劳建设项目的档案资料是否齐全。

(三)一事一议筹资筹劳建设项目审批的审计

对一事一议筹资筹劳建设项目审批的审计，主要是审查县级农民负担监督管理部门是否按照相关法规政策的规定，对乡（镇）人民政府上报的一事一议筹资筹劳建设项目进行依法依规审批。对一事一议筹资筹劳建设项目审批审计的内容，主要包括4个方面：一是审查乡（镇）人民政府是否按规定编制上报一事一议筹资筹劳建设项目的文件资料；二是审查乡（镇）人民政府上报的一事一议筹资筹劳建设项目的内容、筹资筹劳标准、筹资筹劳的方法是否符合有关法规、政策的规定；三是审查是否存在越权审批的问题，如超标准筹资、筹劳的建设项目，是否经过省级农民负担监督管理部门的审批；四是审查经过审核、审批的一事一议筹资筹劳项目，是否按规定程序由村级组织依法向村民公开、公示。

二、一事一议筹资筹劳的筹集、管理、核算的审计

(一)一事一议资金筹集的审计

对一事一议资金筹集的审计，重点应当从3个方面进行：一是要审查筹集单位，是否按县级农民负担监督管理部门批准的筹资筹劳标准，向农户收取资金和给劳动力派工，是否存在超标准收取资金和劳务的问题，向有关企业、单位等收取的资金，是否冲减了一事一议筹资总额；二是要审查向农户收取资金的方式方法，是否符合有关法规政策的规定，是否存在以国家及地方政府支付给农户的种粮补贴等补助资金扣抵农户应交一事一议资金的问题；三是要审查以资代劳对象的审核程序和资金的收取，是否符合相关政策法规的规定，是否存在强行以资代劳的问题。

（二）一事一议筹集资金管理的审计

对一事一议筹集资金管理的审计，重点应当从8个方面进行：一是对没有纳入一事一议财政奖补范围的建设项目，村级组织在收取资金后是否按规定全部纳入了"一事一议资金"账户内核算，是否存在账外资金的问题；二是对纳入一事一议财政奖补范围的建设项目，村级组织收取的资金是否向村民收取还是村集体或其他单位、个人垫交，是否及时足额送存乡（镇）开设的一事一议资金专户，是否存在截留一事一议筹集资金的问题；三是要审查一事一议资金的使用是否坚持了专款专用，是否存在挪用一事一议资金的问题；四是审查支付一事一议建设项目资金，是否符合农民负担监督管理、一事一议财政奖补和财经法规、政策、纪律的规定；五是审查乡（镇）对管理的村级一事一议筹集资金及财政奖补资金，是否存在截留挪用的问题；六是要审查一事一议筹集资金及财政奖补资金，在建设项目完工后结余的资金，是否按照规定进行结转和合理使用，是否存在挪用资金的问题；七是审查使用一事一议资金时是否坚持了勤俭节约的原则，是否存在铺张浪费和贪污、侵占一事一议资金的问题；八是要审查一事一议筹资筹劳建设项目是否存在超支问题，修正预算和超预算资金的支出是否经过了相关审批程序。

（三）一事一议筹资筹劳核算的审计

对一事一议筹资筹劳核算的审计应当区别情况从两个方面进行。

1. 对未纳入财政奖补范围的一事一议筹资筹劳核算的审计

村集体经济组织对未纳入财政奖补范围的一事一议筹资筹劳进行核算。对未纳入财政奖补范围的一事一议筹资筹劳核算的审计应当重点从6个方面进行：一是审查村集体经济组织收取的一事一议资金，是否全部登记在"一事一议资金"账户，是否存在账外账、收入不入账的问题，特别要注意审查借村内公益事业建设之机向企事业等单位、个人收取资金的核算；二是要审查村集体经济组织是否按照县级农民负担监督管理部门批复的筹劳标准，按户、按劳力登记"集体用工登记簿"；三是要审查对资金使用是否按照会计制度的规定，分别在"一事一议资金"和"公积公益金"账户中核算，是否坚持了勤俭节约的原则，是否存在铺张浪费的问题；四是要审查对劳务的使用是否按会计制度的规定，及时登记"公积公益金"账户，并同时登记"集体用工登记簿"；五是审查通过一事一议方式兴建的集体公益设施是否按会计制度规定记入"固定资产"账户；六是要审查一事一议筹资筹劳项目建设结余资金的处置是否符合相关规定。

2. 对纳入财政奖补范围的一事一议筹资筹劳核算的审计

对纳入财政奖补范围的一事一议筹资筹劳核算的审计，除应按未纳入财政奖补范围的一事一议建设项目审核以外，还应当注意审查以下4个方面：一是村集体经济组织是否按规定及时将收取的一事一议资金及时送存乡（镇）开设的一事一议资金专户，并按会计制度规定及时作了账务处理；二是乡（镇）是否按规定开设了一事一议资金专户，对村级收取的一事一议资金及财政部门拨付的奖补资金是否全部实行专户管理，并设置一事一议资金专账核算；三是审查乡（镇）经营管理部门核算村级一事一议资金的手续、票据是否符合相关规定；四是要审查乡（镇）支付村级一事一议建设资金审批程序是否符合有关规定，资金支付是否及时，是否存在截留、挪用、越权审批村级资金的问题。

三、一事一议筹资筹劳建设项目实施情况的审计

对一事一议筹资筹劳建设项目实施情况审计，应当重点从3个方面进行：一是要审查公开招标情况。主要审查村级组织招标的内容、方式、时间、地点等是否符合相关政策、法规、制度的规定，是否存在暗箱操作等违法违纪行为；审查公益事业建设项目是否签有承包合同，承包合同的标的、条款内容、监督方式、验收方法、付款方式等内容是否齐全，是否存在无合同或合同执行不严格等情况。二是要审查项目实施情况。主要审查建设项目是否按照签订的合同实施，在施工过程中是否存在偷工减料、以次充好等问题，必要时要进行现场勘验，如对修建的道路的长、宽、厚度、质量等进行现场勘验；要审查村级组织在项目实施过程中是否建有监督小组或派有监督人员对施工质量等进行监督，监督人员对有关情况是否具有书面说明。三是要审查建设项目的竣工验收情况。主要审查村级组织对一事一议筹资筹劳建设项目竣工后，是否按规定成立了验收小组，验收小组的组成人员是否合理，对建设项目的验收情况是否有详细说明，对验收查出的问题是否有整改意见建议，对整改情况是否进行了再验收，验收报告是否有验收小组全体人员签字，验收结果是否向群众进行了公示。

第四节　农村财政转移支付资金审计

农村财政转移支付资金是指各级财政部门在农村税费改革以后，为了保障农村基层组织正常运转，拨付给村集体经济组织以及乡（镇）人民政府的

财政转移支付资金。农村财政转移支付资金，一般可分为村级财政转移支付资金和非村级财政转移支付资金。村级财政转移资金适用于村级正常运转的补助资金，非村级财政转移支付资金指除村级财政转移支付资金以外的财政补助资金。对财政转移支付资金的审计应当主要从资金的管理、使用和核算3个方面进行。

一、财政转移支付资金管理的审计

财政转移支付资金管理应当重点审查指标分配、使用审批和资金的管理3个方面。

（一）财政转移支付资金指标分配的审计

财政转移支付资金指标的分配应当是县政府财政部门按照乡（镇）所辖行政村的多少，分配到乡（镇），乡（镇）人民政府应当根据各行政村人口的多少、工作量的大小适当进行调整，但必须保障各行政村的正常运转。在审计中，对财政转移支付资金指标分配情况的审计，重点包括：一是审查乡（镇）人民政府对财政转移支付资金指标是否以保障村级组织的正常运转为首要目的，是否存在以促进工作为名随意调整村级指标，如为促进村级道路建设，将财政转移支付资金作为奖励资金或大量向有关村倾斜，致使少数村运转困难，甚至造成村干部工资性补助发放困难等问题的发生；二是审查乡（镇）人民政府确定财政转移支付资金分配指标以后，是否以政府正式文件通知到村，并明确资金的用途，是否存在资金指标分配到村后再进行调整的问题，调整的理由是否充分、是否有政策依据。

（二）财政转移支付资金使用审批的审计

对财政转移支付资金使用审批情况的审计，主要从两个方面进行：一是审查村级组织在使用财政转移支付资金时，有关人员是否按照财务管理制度的规定程序和权限进行审批；二是要审查乡（镇）经营管理站是否按照有关法规和财经纪律的要求，对村集体经济组织使用财政转移支付资金的票据进行全面审核。在审计过程中应当注意，在实行村账委托代理以后，乡（镇）人民政府以及有关部门，是否以强化监管等为由将审批权限上移，由乡（镇）直接对村集体经济组织的收支票据进行审批、审核，甚至借机转嫁乡（镇）支出，从而加大村集体经济组织的经济负担。

（三）财政转移支付资金管理的审计

对财政转移支付资金管理情况的审计，主要是管理规范化方面的审计。

农村税费改革政策要求，村级转移支付资金实行村用乡管，具体由乡（镇）设专户管理，乡（镇）经营管理部门设专账核算。在审计过程中应注意两个方面的问题：一是审查乡（镇）是否对村级转移支付资金实行了专户管理，乡（镇）经营管理部门是否实行了专账核算，是否存在截留、挪用、平调村级转移支付资金的问题；二是审查村级转移支付资金的指标分配、使用项目、结存情况等是否按照村务公开制度的要求进行了明细公开，是否存在因乡（镇）实行报账制而将村级收支原始票据纳入乡（镇）政府核算，从而导致村集体经济组织会计核算、财务公开不全面、不完整的情况。

二、财政转移支付资金使用的审计

对财政转移支付资金使用情况进行审计，主要是对财政转移支付资金使用合法性审计。农村税费改革政策规定，村级转移支付资金主要用于保障村级组织正常运转，具体可用于农村干部工资性补助、日常办公经费和公益事业建设。

（一）农村干部工资性补助审计

农村干部工资性补助一般分为两种方式：一是主要干部如支部书记、村委会主任、会计实行常年补助；二是一般干部实行误工补贴。对农村干部工资性补助情况的审计应当重点从以下6个方面进行：一是审查接受财政转移支付资金补助的干部人数指标是否合理，是否存在干部过多、享受补助的人员过杂的情况；二是审查财政转移支付资金是否首先用于干部工资性补助，是否存在大量拖欠干部工资性补助，影响农村干部工作积极性的问题；三是审查干部工资性补助标准的确定是否符合有关法规政策的规定，是否经过村民代表会议讨论通过；四是审查接受误工补助的干部是否记有详细的误工登记记录，误工补助标准的确定是否符合减轻农民负担政策的规定；五是村干部工资性补助领取情况是否全部纳入村务公开范围，支部书记、村民委员会主任补助由财政部门发放以后是否向群众公开；六是审查村干部在领取常年补助以后，是否仍以完成中心工作等名义领取奖金、福利、补助等。

（二）日常管理费用的审计

村级财政转移支付资金在用于村级干部工资性补助后，可用于日常管理支出，如征订报刊、支付通讯费、交通费用、差旅费、办公费等。在对财政转移支付资金用于日常管理费用进行审计时，要重点审查村级组织将财政转移支付资金用于日常管理费用的合理性，如是否存在将财政转移支付资金用于招待费，特别要审查是否存在乡（镇）将招待费、交通费分摊于村级组织的情况；要审查财政转移支付资金用于日常管理费用的真实性，如对大额无明细的打印费、版面费等要重点核查；要审查用于正常管理费用的合法性，如征订报刊是否存在超限额或一报多订、一刊多订的问题。

（三）公益事业建设费用的审计

对财政转移支付资金用于公益事业建设费用情况的审计，应当重点审查以下两个方面：一是要审查用于公益事业建设费用的财政转移支付资金的额度是否合理，是否存在挤占村干部工资性补助资金和管理费用的情况；二是要审查财政转移支付资金用于公益事业建设的部分，是否纳入了公益事业项目建设预算，使用是否合理。

三、财政转移支付资金核算的审计

根据财政转移支付资金的用途以及核算层次的不同，对财政转移支付资金核算情况的审计，应当从村级核算审计、乡（镇）核算审计、公益事业专项资金核算审计3个方面进行。

（一）财政转移支付资金村级核算审计

财政转移支付资金村级核算审计的重点是核算准确性审计。财政转移支付资金实行村用乡管的地方，在审计时应注意审查乡（镇）政府将村级财政转移支付资金指标明确到村后，村集体经济组织是否及时作了借记"应收款"、贷记"补助收入"科目的账务处理；在使用财政转移支付资金后是否及时做了借记"应付工资""管理费用""固定资产"等科目，贷记"应收款"科目的账务处理；每个会计年度终了时，是否能够及时结转补助收入。没有实行财政转移支付资金村用乡管的地方，在审计时应注意审查村集体经济组织在收到乡（镇）政府拨付的财政转移支付资金时，是否及时作了借记"现金""银行存款"，贷记"应收款"的账务处理，对以现金形式收到的财政转移支付资金，应当查明乡（镇）政府直接支付现金的原因，要特别注意审查在支付过程中，乡（镇）政府是否存在以其支出票据冲抵现金的舞弊行为和转嫁乡（镇）支出的行为以及贪污集体资金的情况。

（二）财政转移支付资金乡（镇）核算审计

实行财政转移支付资金村用乡管的地方，乡（镇）经营管理机构应当设专账，对乡（镇）村级转移支付资金的拨付情况、村级使用情况进行核算。对乡（镇）经营管理机构核算财政转移支付情况进行审计的重点，是核算合理性、准确性审计。审计时应主要从以下4个方面进行：一是要审查乡（镇）

政府是否按财政部门拨付的村级财政转移支付资金全额拨付给村集体经济组织，是否存在截留村级资金的问题；二是要审查乡（镇）经营管理机构是否设有总账、银行存款账和明细账，对所辖各村的财政转移支付资金进行总账和分类明细核算；三是要审查乡（镇）经营管理机构在对财政转移支付资金进行核算时，是否保障了村级会计核算的完整性，有无将村级使用财政转移支付资金的原始凭证纳入乡（镇）核算；四是要将乡（镇）经营管理机构的核算情况与村级核算情况进行核对，审查财政转移支付资金的拨付、使用、结存情况是否准确。

（三）公益事业建设专项资金核算审计

村级财政转移支付资金中用于公益事业建设的资金，应当作为专项资金进行核算，在会计核算中要在"公积公益金"账户中核算，不能在"补助收入"账户中核算。对公益事业建设专项资金核算情况审计时，主要从以下方面进行：一是要审查财政部门拨入的公益事业建设专项资金是否全部计入"公积公益金"账户核算，是否存在将公益事业建设专项资金计入"补助收入"账户的问题，如果存在要予以纠正；二是要审查公益事业建设专项资金使用情况的核算是否准确，是否存在挪用公益事业建设专项资金的问题。

四、非村级财政转移支付资金的审计

非村级财政转移支付资金的审计，是指对在农村税费改革中通过以财政转移支付方式支付的农村五保户资金、优抚款、计划生育费、乡村道路建设费和农村义务教育费等费用的拨付、管理、使用和结存情况的审计。

（一）五保户供养资金的审计

五保户供养是指对符合条件的农村困难群众，给予的保吃、保穿、保住、保医、保葬（孤儿保教）的五保供养，中央财政通过农村税费改革转移支付，在资金上给予补助。对五保户供养资金的审计，一是要审查农村五保供养的对象的确定，是否符合本人申请或村民小组提名、村委会审核、乡（镇）人民政府批准的程序，有无发放的"五保供养证书"；二是审查五保户供养标准的确定是否符合相关政策的规定，是否达到了当地村民的平均生活水平；三是审查乡（镇）人民政府能否及时、足额发放五保户供养资金，是否存在截留、挪用五保户供养资金的情况。

（二）优抚款的审计

优抚款是指对符合条件的农村困难群众、义务兵等给予的生活、生产补助资金。对财政转移支付资金支付的优抚款的审计,是指在农村税费改革中国家通过财政转移支付形式支付给义务兵的生活、生产补助资金。对这部分资金的审计应当主要从以下3个方面进行:一是审查优抚对象是否符合相关政策的规定,是否存在超过义务服役期领取优抚款的问题;二是审查补助标准是否符合相关政策的规定,是否存在降低补助标准的问题;三是审查乡(镇)政府或民政部门是否存在截留、挪用优抚款的问题。

(三)计划生育费的审计

计划生育费是指在农村税费改革中,国家通过财政转移支付形式,支付给乡村两级计划生育工作费用的专项资金。对这部分资金的审计主要是审查计划生育费是否按照农村税费改革政策的规定足额拨付到乡(镇),县级有关部门是否将计划生育费作为可调配资金使用,是否存在截留挪用的问题;审查乡(镇)政府是否按政策规定的使用范围、用途使用资金,有无将计划生育费作为乡(镇)的工作经费使用,是否将应由乡(镇)计划生育费支付的费用转嫁给村集体经济组织,从而加重村集体经济组织负担的情况;审查村集体经济组织计划生育工作开支情况,看是否存在列支应由计划生育费支出的项目。

(四)乡村道路建设费的审计

乡村道路建设费是指在农村税费改革中,国家通过财政转移支付形式,支付给乡(镇)用于乡村道路建设的专项资金。对这部分资金的审计重点:一是要审查乡(镇)是否足额收到了财政部门按农村税费改革政策的规定标准拨付的乡村道路建设费,县级是否存在截留挪用乡村道路建设费的问题;二是要审查乡(镇)是否按规定用途使用乡村道路建设费,是否存在将乡村道路建设费挪作他用的问题。

(五)农村义务教育费审计

农村义务教育费是指在农村税费改革中,国家通过财政转移支付形式,支付给乡(镇)用于农村义务教育阶段办学日常费用的专项资金。对这部分资金的审计重点:一是要审查有关部门是否按农村税费改革核定的标准足额拨付到位,是否存在违反相关政策规定随意调整指标、集中使用的情况;二是要审查农村中小学在使用时是否坚持了专款专用的原则,是否存在挪用现象;三是要审查村级组织支付的相关农村义务教育阶段的费用,审查是否存在乡(镇)政府或其他部门挪用农村义务教育费,从而向村集体经济组织转嫁费用的情况。

第五节 减轻农民负担政策落实情况审计

随着农村经营体制机制改革的不断深化和农村经济社会的不断发展,农民负担监督管理工作,也由重减负向减负与落实惠农政策并重转变。因此,减轻农民负担政策落实情况的审计,不仅包括农民承担的费用和劳务情况的审计,也包括国家惠农政策落实情况的审计。

一、强农惠农富农政策落实情况审计

对强农惠农富农政策落实情况审计的内容,主要包括国家和各级地方政府制定出台的强农惠农富农政策的落实情况。如生产方面的对种粮农民直接补贴政策、农作物良种补贴政策、农业生产资料综合补贴政策、农机购置补贴政策、支持现代农业生产发展政策、一村一品扶持政策、农民专业合作组织补助政策、生猪良种补贴政策、奶牛良种补贴政策、农村劳动力转移培训阳光工程政策、小型农田水利补助政策、节水灌溉贷款中央财政贴息资金补助政策、退耕还林补助政策、测土配方施肥补助政策等。民生方面的家电下乡政策、汽车摩托车下乡政策、新型农村合作医疗政策、农村最低生活保障政策、农村医疗救助政策、新型农村社会养老保险政策、自然灾害社会救助政策、农民工社会保障政策、全部免除农村义务教育阶段学生的学杂费政策、农村义务教育阶段学生免费提供教科书政策、农村义务教育阶段家庭经济困难寄宿生的生活费补助政策等。

对强农惠农富农政策落实情况审计的重点,主要是审查惠农政策是否落实到位,支农惠农资金是否按照政策规定及时足额发放到户、到人,有关单位或部门是否存在截留挪用的现象,基层政府和组织是否存在克扣抵顶等违纪违法行为。

对强农惠农富农政策落实情况进行审计时,在方法上除应注重对政策文件本身的学习和资金拨付核算资料的审核外,还应当特别注重走访农户、调查农民、查阅公开公示资料等方法的运用。

二、专项治理工作落实情况的审计

对农民负担专项治理工作落实情况的审计,主要包括行政事业性收费审计、经营服务性收费审计和农民合法权益保护情况审计3个方面。

（一）行政性收费

行政性收费是指国家行政机关和国家授权行使行政职权的单位，在社会、经济和资源管理过程中，按照特定需要依据国家规定实施的收费，一般包括管理费、登记费、资源费、审查费、评审费、证照费等；事业性收费是指事业单位向社会提供服务而实施的收费，一般包括教育收费、医疗收费、防疫、检疫、检验、检测收费、专业技术服务收费、咨询服务收费等。现阶段，对行政事业性收费开展专项审计的主要内容，包括农村义务教育收费、农民建房收费、计划生育收费、殡葬收费、户籍管理收费、婚姻登记收费等。行政事业性收费审计的重点，是审查收费项目是否在国家规定权限批准保留的涉农行政事业性收费项目范围内；审查行政事业性收费是否在规定环节、范围内进行；审查收费标准是否在审批文件规定的标准范围之内；审查在收费过程中是否存在乱收费、乱罚款、"搭车"收费等问题。

（二）经营服务性收费审计

经营服务性收费是指公民、法人或其他组织在依法取得经营资格后，以盈利为目的，利用场所、设施、技术、信息、知识、劳务等向农民收取费用的行为。当前在农民负担专项治理过程中重点治理的项目，包括畜禽防疫、生猪屠宰、邮政订报、农业生产用水、农业生产用电、农村居民生活用电、农村居民生活用水、农机服务、农村保险业务等。经营性服务收费审计的重点是审查在经营服务过程中是否坚持自愿、公平、质价相等的原则，收费标准是否符合相关法规政策的规定，是否存在强行服务或只收费不服务的问题，是否存在乱收费等问题。

（三）保护农民合法权益审计

目前，保护农民合法权益审计应主要抓好3个方面工作。一是要审查在征占农村集体土地中是否存在损害农民权益的问题，有关单位和部门是否按照法规政策的规定做好了征占地补偿方案公示、资金兑付等工作。二是要审查在农村土地承包、流转过程中是否存在损害农民权益的问题，有关单位、个人或组织是否存在强制农民流转或非法阻碍农民流转土地经营权的问题。三是要审查在新农村建设中是否存在强行拆迁、强行建设等损害农民权益的问题，有关单位和部门扶持新农村建设的措施是否落实到位，是否存在以支持新农村建设为名，侵害农民权益的问题。

（四）向村级组织收费情况审计

向村级组织收费情况的审计，主要是要审查有关单位和部门在行政事业性收费或经营性收费过程中,是否符合有关法规、政策的规定;在农村公益事业建设中是否存在向村级组织摊派、集资或强行要求村级配套的问题;在报刊征订过程中是否存在超限额标准、强行要求村级组织征订的问题。

(五)农民专业合作社收费情况审计

对农民专业合作社收费情况的审计,主要是审查有关单位和部门在农民专业合作社注册登记、生产经营、品牌认证、商标注册等方面是否存在自立项目收费、超标准收费、变相收费、乱罚款、乱集资、强行开展经营性服务收费等行为。

第十章　农村集体财政补助资金专项审计

第一节　农村集体财政补助资金审计

一、村级财政补助资金审计的概念

村级财政补助资金，是指各级政府为保证村级组织正常运转，促进农村经济社会事业的发展，将所掌握的一部分经费补助给村级组织和农户支配、使用的资金。目前，村级财政补助资金已经扩展到村干部工资补贴、办公费补助、农业税附加补贴、农村公益事业补助、农村基础设施建设补助、粮食直补资金、生态林补偿资金等。随着我国社会主义新农村建设步伐的加快，国家会逐年加大对农村的投入，政府发放到村到户的资金项目将越来越多，数额也越来越大。

村级财政补助资金的审计，是指农村集体经济审计部门对村级财政补助资金的管理、使用的合规、合法性及效益性所进行的审计。中共中央办公厅、国务院办公厅《关于健全和完善村务公开和民主管理制度的意见》第五部分第一条"加强对农村集体财务的审计监督"中明确要求农村集体经济审计部门，要加大对政府发放到村到户的各项补贴资金和物资等事项的审计力度。各级农村集体经济审计部门应将其作为新时期审计工作的一项重要内容，在各级党委和政府的领导下，切实做好村级财政补助资金的审计工作。

二、村级财政补助资金审计的特点

（一）资金源头多，用途广泛

我国实行分层次分部门的管理体制，从中央到地方，每个层面每个部门每年都有一定数量的资金投放到农村，资金的用途也多种多样。

（二）点多面广，审计对象分散

村级财政补助资金的使用、管理主要在基层，一项村级财政补助资金，通常会涉及很多个村级单位。只有把每一个村的资金的来源和用途情况审计清楚，才能把整个资金的来源和用途情况审计清楚。

（三）政策性强

村级财政补助资金通常要求专款专用，严禁截留，政策性很强。

（四）效果呈现多样性

村级财政补助资金的效果，有些表现出经济效益，有些表现出社会效益和生态效益。

三、村级财政补助资金审计的作用

开展村级财政补助资金审计对于保证各级政府发放到村、户资金的安全、规范、高效具有非常重要的作用。

（一）有利于使惠农政策落到实处

通过开展村级财政补助资金审计，可以反映各级政府发放到村、户的各项补助资金是否真正到位，有利于揭露财政补贴资金的截留、挪用、贪污等违反财经纪律的行为，促进党和国家的惠农政策真正落到实处。

（二）有利于建立规范的管理制度

通过开展村级财政补助资金审计，可以反映村级财政补助资金的使用是否符合规定，有利于提高村级组织对财政资金管理工作的认识和重视，促进建立规范有效的管理制度，履行必要的程序，按照规定的用途使用财政资金。

（三）有利于提高资金效益

通过开展村级财政补助资金审计，可以反映村级财政补助资金的效益性，有利于提高村级干部和农民群众的财政资金使用效益观念，促进村级组织合理使用财政资金，减少损失浪费。

四、村级财政补助资金审计的目标

农村集体经济审计机构开展村级财政补助资金审计，一定要弄清村级财政补助资金的来源及用途。收集证明材料，应当客观公正，实事求是，防止主观臆断，保证证明材料的客观性。审计机构和人员要保证村级财政补助资金审计结果能够经得起各种检验。其审计的目标是要查清"三性"：一是真实性，查清村级财政补助资金到位情况、使用情况是否真实；二是合规性，村级财政补助资金政策性强，要查清资金的管理和使用是否符合有关法律法规政策的规定；三是合理性，查清被审计单位在实现目标过程中是否讲求经济性、效率性和效果性。经济性是指以最低费用取得一定质量的资源,即节约。效率性是指以一定的投入取得最大的产出或以最小的投入取得一定的产出。效果性是指在很大程度上达到政策目标、经营目标和其他预期结果。

第二节 农村集体财政补助资金审计内容

一、掌握村级财政补助资金的规模、性质和用途

财政补助资金包括一般性补助资金和专项补助资金两大类别。在对村级财政补助资金进行审计时,要通过查阅有关政府部门文件、财政指标单、项目批文等,掌握本年度村级财政补助资金的规模、构成情况以及资金的性质和用途,并分门别类进行统计汇总。从而根据资金的不同性质和用途,制定审计方案、确定审计工作重点和审计方法,为下一步审计做好准备。

二、检查是否建立规范有效的管理制度

村级财政补助资金的审计,首先要检查村级组织是否建立规范有效的管理和内控制度。主要检查是否按规定建立账簿;资金的使用是否具有一套能体现公开、公正、透明的标准和操作程序;资金的拨付、使用是否有严密的审批制度;主要项目是否建立健全岗位责任制,明确相关责任人;有无具体的监督检查制度和评估验收程序;是否制定相应的考核奖惩措施。并通过调查了解、查阅相关记录、纪要、档案,评估制度、措施的执行落实程度。

三、核实到位资金的数额

根据已掌握的村级财政补助资金的规模、性质和用途,对照有关政府部门文件、年度预算、财政下达的指标单以及有关项目批文,核对到位资金的数额是否相符。在核对到位资金时,对上级财政部门拨入的专项资金,除应核对实收资金与应收资金是否相符外,还应注意检查银行存款及往来等相关科目,有无将专项资金无故或以借款名义转出,防止有的单位为应付检查,在账务处理上做手脚。

四、审查资金使用是否真实、合规

资金支出是否真实、合规,是村级财政补助资金审计的重点内容。合规性是审查现行的管理规定和原则是否得到了遵守,包括簿记方法的正确性和管理部门措施的合法性。应重点检查专项资金是否专款专用;账目核算是否

正确。对照有关政府部门文件、年度预算、指标单、项目批文等有关资料，检查资金的使用是否符合规定用途。审计时应注意检查支出票据的真实性、合法性、合理性，有无用虚假发票、白条报账列支。要分析支出的内容与规定用途是否一致，分析测算支出的金额与实际是否匹配，特别注意人工工资、奖金、福利、招待费有无多列多支等。

五、审查资金使用是否合理

资金使用合理性审计主要是审查被审计单位在实现目标过程中是否讲求经济性、效率性和效果性。旨在查明被审计单位是否以经济的、有效的方式管理或利用其资源；检查资金的使用是否合理，有无损失浪费；查明任何低效率和不经济做法的原因，包括管理信息系统、管理程序或组织机构不完善的原因。资金使用合理性审计需要对项目的经济效益、社会效益、生态效益进行评价。

经济效益评价需要计算的评价指标主要有：

（一）资金筹集和拨付方面的评价指标（表12-1）

表12-1 资金筹集和拨付方面的评价

指　标	计算公式	指标说明
资金到位率	资金实际数÷预算进度到位数×100%	该指标反映了项目资金的到位情况
财政资金到位率	财政资金实际到位数÷财政资金预算进度到位数×100%	该指标反映了财政和项目主管单位是否足额拨付了专项资金，有无被截留、挪用
自筹资金到位率	（现金投入数+以物折资到位数）÷自筹资金预算进度到位数×100%	反映单位筹措资金情况

例：某村饲料加工项目建设预算总额100万元，其中财政补助60万元，自筹资金40万元，计划2017年6月资金到位。实际到位资金实为70万元，其中财政补助30万元，自筹资金40万元。则该项目：

资金到位率＝（70÷100）×100%＝70%

财政资金到位率＝（30÷60）×100%＝50%

自筹资金到位率＝（40÷40）×100%＝100%

(二) 资金管理和使用方面的评价指标（表12-2）

表12-2　资金管理和使用方面的评价

指标	计算公式	指标说明
资金利用率	实际用于项目支出的金额÷实际到位数×100%	反映资金使用单位、使用环节有无改变资金用途挪作他用的事实
实际工期比率	（某项目实际验收工期÷该项目计划工期）×100%	在项目建设质量保证的前提下，实际工期比率小于1，说明项目投资建设的速度越快，社会效益越好，该指标和资金在有关部门停留时间（天数）指标结合使用，反映相关部门滞拨资金情况
资金节约率	1−（某项目竣工决算总额÷该项目预算总额）×100%	反映经济性的指标。在保证项目建设质量的前提下，资金节约率为正数且越大，说明项目建设的成本越低

例：该饲料加工项目资金到2017年6月实际用于项目支出的金额为56万元，则2016年6月底该项目资金利用率=56÷70×100%=80%。

该饲料加工项目2017年底项目资金全部到位，项目建设完工，项目竣工决算总额90万元，则该项目资金节约率=1−（90÷100）×100%=10%。

(三) 资金回收和效益方面的评价指标（表12-3）

表12-3　资金回收和效益方面的评价

指标	计算公式	指标说明
投资回收期	某项目的全部投资额÷该项目预计的年现金净流入量	反映投资效率的指标。投资回收期越短，效益越好
投资效果回收系数	年利润增加额或年成本节约额÷资金投入总额	表明每个单位投资额能够增加多少利润或每年能节约多少成本
净资产报酬率	利润总额÷平均所有者权益总额×100%	反映投资运用的效果。净资产报酬率越高，说明投资的收益水平越高，获利能力越强
资本保值增值率	期末所有者权益总额÷期初所有者权益总额×100%	反映投资回报效果高低的指标
土地生产率	农产品产量或产值÷土地面积100%	反映土地利用效果
劳动生产率	农产品产量或产值÷活劳动时间	反映效果性的指标。在一定条件下所生产的产品量与所消耗的劳动时间比

例：该饲料加工项目需流动资金60万元，由某村自筹，该项目预计的年现金净流入量30万元，则投资回收期=（90+60）÷30=5(年)。

该饲料加工项目2018年初正式投产，年初所有者权益总额150万元。

2017年实现利润总额30万元，年末所有者权益总额165万元。则该项目：

净资产报酬率=30÷（150+165）÷2×100%=19.05%

资本保值增值率=165÷150×100%=110%

社会效益评价应着眼于社员群众对项目的评价、转移和安置农村剩余劳动力、缩小社会贫富差距和地区间发展不平衡，从减少民族矛盾、区域矛盾和农村矛盾、改善农村社会治安环境等方面评价。

生态效益评价应注意两个方面：一是项目设计或可行性研究报告中有无关于环境保护的措施，对可能形成破坏生态平衡的环节或工程是否采取必要的限制或放弃；二是已完工项目对环境造成的影响，即是形成了良性的生态平衡、改善了农业生产条件、促使农业高产和稳产，还是破坏了生态平衡。生态效益方面的评价指标有：森林覆盖率；水土流失率；土壤肥力提高、土壤有机质含量增加数；土地利用率；自然灾害发生率以及全员发病率等。

第三节　农村集体财政补助资金审计要求

一、准备阶段的要求

审计前首先要掌握相关法律法规精神。要针对审计事项，认真学习研究与审计事项有关的法律法规和相关政策，把握好政策尺度。只有这样，才能做到有的放矢地开展审计。其次要制定周密实用的审计方案。

（一）认真细致地搞好审前调查

通过走访、座谈等形式，深入被调查单位，掌握有关账外真实情况和资料，请被审计单位有关负责人介绍本系统、本单位财务收支的特点、管理体制和有关管理制度，详细了解被审计单位的职责范围、资金来源和运用情况，在掌握基本情况的基础上，确定审计重点。

（二）制定审计方案

在做好审前调查的基础上，围绕调查目标、范围、内容、时间和人员分工等制定好审计方案，审计步骤和调查方法，使审计方案真正做到切实可行。

（三）扎实搞好审前培训

参审人员要提高对村级财政补助资金审计重要性的认识，熟悉所审计单位审计事项资金的使用范围，了解有关政策、法律、法规，吃透专项审计方案的要点，在全面掌握有关法律法规政策的基础上，进一步加深对村级财政补助资金审计方案的理解。

(四) 积极做好工作协调，争取被审计单位的配合和支持

争取被审计单位的配合和支持，搞好自查自纠，是村级财政补助资金审计工作顺利开展的基础。

二、实施阶段的要求

在确立村级财政补助资金源头审计的基础上，要按资金流向开展专项审计。具体工作中应注意做到以下几个结合。

(一) 将顺查法和逆查法灵活运用

对资金的总体使用、拨付情况应结合实际尽可能的使用顺查法；而对于具体项目是否真正实施，具体目标是否落实，要求审计人员要深入现场去审计，对这样非常具体的资金使用采取逆查法可能会取得更好的审计效果。

(二) 将重点审计与延伸调查相结合

针对许多单位下属单位多、情况复杂的特点，应采取重点审计与延伸调查相结合的方法，在专项审计过程中，对一级单位要全面审计，突出重点，对二、三级单位及其他调查对象，从调查事项资金线索入手进行延伸审计，可以为全盘审计起到事半功倍的效果。

(三) 上下联动，全局"一盘棋"

对于一些上下级联系紧密、资金往来密切的单位，各审计业务人员须通力协作，及时对相关信息互通有无，相互反馈，相互提供线索，充分利用现有的审计资源，达到审计资源共享，全面提高审计的效率。

三、终结阶段的要求

村级财政补助资金审计发现和纠正违纪违规问题固然重要，但更重要的是通过综合分析，从法规、制度和政策上提出有针对性的意见和建议。每年在年度审计项目的安排上，首先应紧紧围绕各级党委、政府中心工作以及群众关心的热点和难点问题，开展村级财政补助资金审计，从更高的角度对审计事项进行观察、分析和判断，提出建设性意见和建议，为党政领导决策当好参谋。二是写好村级财政补助资金审计报告。村级财政补助资金审计报告是反映问题、分析原因和提出意见建议的载体，是反映审计成果大小的关键。写好村级财政补助资金审计报告，先要从审计实施阶段做起，对审计事项不仅要查深查透，而且要查明原因，提出改进措施。其次是要注意搜集各

方面信息资料，善于从繁杂的资料中提出有价值的东西，使审计报告能最大限度的反映村级财政补助资金审计的成果。

第四节　农村集体工程项目审计

农村集体工程项目审计主要是对基本建设投资绩效进行审计。其目的是为了促进建设单位完善管理机制，按基本建设程序办事，降低建设成本，缩短建设工期，尽快形成新的生产能力，提高投资的综合效益。因此，开展基建投资绩效审计，对于落实投资责任制，促进投资决策方案的优化，保证基建投资使用的合理性和有效性，具有十分重要的意义。

基本建设绩效审计应贯穿于基本建设活动的全过程，既要对建设过程的资金投入进行审计，也要对投产后的投资效益开展审计；既要考察微观效益，也要考察宏观效益。视其建设项目的投资分配使用是否合理，能否迅速建成投产，达到投资少、质量高、见效快的要求。基本建设项目的绩效审计，主要包括工程质量、建设工期、建设成本、投产后经济效益等4个方面。

一、项目工程质量的审查

项目工程质量的好坏，是衡量基本建设投资效益的一个重要标志，基本建设工程必须坚持质量第一，做到好中求省，好中求快。

项目建设工程质量的审查，要抓住施工安装和竣工验收两个环节。在施工安装过程中，工程质量的审查是以单位工程为对象，审查时，应从优质、合格、不合格三个级别进行考核。优质是指工程质量指标从外貌和性能，达到或超过施工验收的规范和设计标准，其主要部位低于规定的误差。合格是指工程质量指标，达到施工验收规定和设计标准，主要部位的误差在规定的幅度内。不合格是指工程质量指标，不符合施工验收的规范和设计标准，主要部位的误差超过规定的允许范围。审查中，发现不合格的工程和工程质量事故，应深入现场查看，找出原因，确定归属，采取措施返工或加固补修。否则，不能交付使用。如经审查合格，应及时移交建设单位按照验收规范和设计文件要求组织竣工验收。对于竣工验收的，应着重审查验收的过程和结果，是否达到规范和设计标准的要求，机器设备是否经过联动负荷试车，能否生产出设计要求的产品和产量。为了查证质量状况，在审查时，一般可采用以下2个指标进行考核和评价：

（一）工程质量优质品率

工程质量优质品率是指鉴定的优质单位工程个数（或面积）占单位工程个数（或面积）的比率，工程质量优质品率的比例越大，说明工程质量越好。计算公式为：

$$\text{工程质量优质品率}(\%) = \frac{\text{鉴定的优质单位工程个数（或面积）}}{\text{审定的单位工程个数（或面积）}} \times 100$$

（二）工程质量合格品率

工程质量合格品率是指鉴定的合格的单位工程个数（或面积）占单位工程个数（或面积）的比率。工程质量合格品率的比例越大，表明工程质量越好。其计算公式为：

$$\text{工程质量合格品率}(\%) = \frac{\text{鉴定的合格单位工程个数（或面积）}}{\text{审定的单位工程个数（或面积）}} \times 100$$

工程优质品率（或合格品率）是从工程建设的结果上说明工程质量的，但是一个优质工程（或合格工程）在建设中可能发生一次或若干次局部返工，由此造成经济损失。所谓质量事故指工程质量问题，由于某种原因不符合规定的标准或生产要求，不得不进行返工。审查时，要按事故的性质，区分重大质量事故和一般质量事故。工程质量事故造成的经济损失可用返工损失金额和返工损失率表示。计算公式为：

$$\text{返工损失金额} = \text{损失的材料费} + \text{损失的人工费} - \text{可利用材料价值}$$

$$\text{返工损失率}(\%) = \frac{\text{项目工程返工损失金额}}{\text{项目工程累计完成工作量}} \times 100$$

返工损失金额和返工损失率越大，表明因质量事故造成的经济损失也越大，投资效益越差。

二、项目建设速度的审查

项目建设快慢是影响投资效益的时间因素。从某种意义上说，提高经济效益不仅是节约投资，还有时间的节约。因此，审查项目投资效益要考虑项目建设的快慢程度。考核项目建设速度的指标主要有：

(一) 建设项目的建设周期

主要将实际建设周期天数，与计划建设周期天数或同类项目建设周期的先进水平进行比较，即可查明建设周期是否拖长或缩短。实际建设周期比计划周期缩短，说明建设速度加快。审查时，先审定实际建设周期的天数。然后，再与计划周期天数或历史最好水平比较，分析差异原因。最后，根据差异数计算因缩短或延长建设周期而影响投产的产量。

(二) 建筑面积竣工率

建筑面积竣工率是指审定的房屋建筑竣工面积占全部施工面积的比率。建筑面积竣工率的比例越大，说明建设速度越快。计算公式为：

$$建筑面积竣工率(\%) = \frac{审定的房屋建筑竣工面积}{全部房屋建筑施工面积} \times 100$$

审查时，先审定房屋建筑物竣工面积和全部房屋建筑物施工面积，然后求出其比率，与计划指标或同类项目历史最高水平比较就能确定其实际效益。

(三) 建设项目竣工率

建设项目竣工率是指鉴定的竣工建设项目占全部建设项目的比率，其比例越大，说明建设速度越快。计算公式为：

$$建筑面积竣工率(\%) = \frac{鉴定的竣工建设项目个数}{全部建设项目个数} \times 100$$

考察时，将建设项目竣工率与计划指标或同类项目历史最高水平比较，就能确定其建设速度快慢。

(四) 固定资产交付使用率

固定资产交付使用率是指审定的建成投产的新增固定资产价值占审定的投资完成总额的比率。其计算公式为：

$$固定资产交付使用率(\%) = \frac{审定的新增固定资产价值}{审定的投资完成总额} \times 100$$

新增固定资产价值是指已建成投入生产或交付使用的工程价值，它反映基本建设投资的最终成果。固定资产交付使用率越高说明建设速度快，投资效益好，反之则差。审查时，先查证已投产或交付使用的新增固定资产价值和投资完成总额，求出其比率，然后再与计划指标或同类项目的先进水平比较。

（五）建设项目投产率

建设项目投产率是指审定的建成投产项目占全部建设项目的比率。建设项目投产率越高，表明建设速度越快，投资效果越好。计算公式为：

$$\text{建设项目投产率}(\%) = \frac{\text{审定的建成投产项目个数}}{\text{全部建设项目个数}} \times 100$$

（六）生产能力建成率

生产能力建成率是指审定的新增生产能力占施工规模设计能力的比率。计算公式为：

$$\text{生产能力建成率}(\%) = \frac{\text{审定的新增生产能力}}{\text{施工规模设计能力}} \times 100$$

生产能力建成率是反映生产能力建成投产的效益。其比率越高，说明建设进度快、质量优、效果好。

三、项目建设成本的审查

项目建设成本是建设单位在项目建设过程中所发生的各项支出。它反映建设过程中投资耗费的实际水平，对投资效益有重大影响。一般可从以下4个方面进行审查：

（一）建设总成本完成率

建设总成本完成率是指实际建设总成本占概算投资总额的比率。计算公式为：

$$\text{建设总成本完成率}(\%) = \frac{\text{实际建设总成本}}{\text{概算投资总额}} \times 100$$

建设总成本完成率越低说明投资越节约。如果超过1，说明实际支出超过了概算，投资过大，应查明原因。

(二) 每百元投资新增生产能力

每百元投资新增生产能力是指审定的建设成本与新增生产能力之间的比率。其比率越高，说明效能越好。计算公式为：

$$\text{每百元投资新增生产能力}(\%) = \frac{\text{审定的新增生产能力（或效益）}}{\text{审定的建设成本总额}} \times 100$$

(三) 单位生产能力投资

单位生产能力投资是指经审定的建成投产项目的新增生产能力同建设成本的比较。单位生产能力造价越小说明造价越低，故又称单位生产能力造价。计算公式为：

$$\text{单位生产能力造价}(\%) = \frac{\text{审定的建成投产项目的建设成本}}{\text{审定的建成投产项目新增生产能力}} \times 100$$

单位生产能力是指计算生产能力的实物单位。如职工住房建造每平方米的造价等。

(四) 应核销基本建设支出比率

应核销基本建设支出比率是指应核销基本建设支出与基本建设总成本的比率。此种比率越小，说明经济效益越好，反之，则差。计算公式为：

$$\text{应核销基本建设支出比率}(\%) = \frac{\text{审定的应核销基本建设支出}}{\text{审定的基本建设总成本}} \times 100$$

应核销基建支出是指对构成基本建设投资完成额，但不计入交付使用财产成本。按照规定应核销的各项支出，主要包括生产职工培训费、施工机构转移费、劳保支出、样品样机购置费、专利费等。

四、投产后投资效益的审查

项目建成投产后的投资效益，集中反映基本建设的最终成果。审查内容，应从是否快速达到设计能力、增加产量、提高产品质量、降低生产成本、提高劳动生产率、增加企业积累和投资回收快、成本利润高等几个方面着手。

(一)审查达到设计能力所需时间

达到设计能力所需时间是指建设项目建成投产至实际产量达到项目设计规定生产能力为止的日历时间,它集中反映基本建设过程经济活动形成综合生产能力的时间因素和管理质量。生产性建设项目或单项工程投产后,不仅要迅速形成新的生产能力,而且要使实际形成的生产能力尽快达到设计要求,才能实现投资的经济效益。项目建成投产后达到设计能力的时间越短,该项目投资的效益就越大。

投产未能按设计要求达到设计能力的项目,要计算由此而造成的经济损失。计算公式为:

$$F = T(P - \bar{P})$$

其中:F 为从投产至到达设计能力的年损失金额(万元);T 为从投产至达到设计生产能力的时间(年);P 为达到设计能力时平均利润额(万元/年);$\bar{P}$ 为达到设计能力前年平均利润额(万元/年)。

(二)审查产品产量的增加

此项审查,只需将投产后实际产量与投产前实际产量比较,即可测定。

(三)审查产品质量的提高

可将投产后产品质量指标与投产前产品质量指标或同行业同类质量指标先进水平比较,即可查定产品质量是否提高。

(四)审查生产成本是否降低

可将投产后产品单位成本与投产前产品单位成本或与同行业产品成本比较,即可查定产品单位成本是否降低还是提高,并分析原因。

(五)审查劳动生产率

可将投产后劳动生产率与投产前劳动生产率或同行业同类产品劳动生产率比较,即可查定是否提高。

(六)审查产品销路是否扩大

可将投产后销售量和销售地区与投产前产品销售量和销售地区比较,即可查明其产品销路是否扩大及其满足社会需要的程度。

(七)审查投资回收期快慢

投资回收期是综合反映建设过程和投产后生产过程经济效果的重要指标,它是建设项目自建成移交生产之日起,实际累计提供的积累总额(利润、税金)达到该项目建设所耗用投资总额之时所经历的时间。回收期越短，说明投资效果越好。计算公式为：

$$投资回收期 = \frac{项目建设投资总额}{项目投产后年平均积累额}$$

投资回收期的逆指标称投资效果系数。此系数通常大于0而小于1，投资效果系数越大，说明投资效果越好，反之则差。其计算公式为：

$$投资效果系数 = \frac{项目投产后年平均积累额}{项目建设投资总额}$$

(八)审查新增固定资产效率情况

新增固定资产效率指建设项目新增单位固定资产投资每年新带来的生产产值。通过新增固定资产效率的审查，可以反映工程设计所规定的技术经济指标在项目投产后能够实现的程度。计算公式为：

$$新增固定资产效率(\%) = \frac{年度数增产值}{新增固定资产价值} \times 100\%$$

对项目建设投资效果的考核，不仅要考核每个建设项目的投资效果，更要考核全部基本建设投资对整个国民经济发展的效果，即社会效果。也就是要把微观的投资效果与宏观的投资效果，目前的投资效果与长远的投资效果紧密结合起来，加以综合分析和比较，才能正确确定其实际效益。

第十一章 农村土地补偿费专项审计

第一节 征占农村集体土地补偿费审计的内容

征地补偿费是征用土地时,按照被征用土地的原用途给予补偿,主要包括土地补偿费、安置补助费以及地上附着物和青苗的补偿费。加强农村征地补偿费管理关系到被征地农民切身利益和长远生计,事关农村发展稳定大局。近年来,农村征地补偿费的管理和监督已取得了一定成效,但在征地补偿费管理工作中,仍存在着补偿经费不到位、安置不落实、账务处理不规范、使用不公开,甚至存在贪污、挪用、挥霍等问题,严重损害了被征地农民的权益和农村集体经济组织的利益,影响了农村社会稳定和农村经济的健康发展。

农村征地补偿费审计主要是对征地补偿费管理和使用情况的合理性、合法性进行审查监督的行为。

一、审查征地补偿费是否足额拨付到位

审查征地补偿费是否已按征地补偿方案确定的补偿标准拨付到位,到位后是否按照专户存储、专账管理、专款专用的原则规范管理;有无不入账或贪污、挪用等问题。

二、审查农村征地补偿费分配的合理性、合规性

审查征地补偿费的分配是否按照《国务院关于深化改革严格土地管理的决定》(国发〔2004〕28号)、《农业部关于加强农村集体经济组织征地补偿费监督管理指导工作的意见》(农经发〔2005〕1号)及各省人民政府有关文件规定的分配原则、办法要求进行分配。

三、审查农村土地补偿费使用的合规性、合法性

审查在征用农村集体土地、征地补偿费管理和使用过程中,有无违反国

家方针、政策及财经法规要求，进行营私舞弊的行为；是否存在改变征地补偿费用途、私分乱支、贪污挪用等问题。

第二节　征地补偿费拨付情况的审计

一、征地补偿费标准的审计

《土地管理法》规定，征用耕地的补偿费用应当包括农村土地补偿费、安置补助费以及地上附着物和青苗补偿费。征用耕地的农村土地补偿费，为该耕地征用前3年平均年产值的6~10倍。征用耕地的安置补助费，按照需要安置的农业人员数计算，每一个需要安置的农业人口的安置补助费标准为该耕地被征用前3年平均年产值的4~6倍。但是，每公顷被征用耕地的安置补助费，最高不得超过被征地前3年平均产值的15倍。被征用土地上的附着物和青苗的补偿标准，由省级政府规定。如果依照前面的规定支付补助费，尚不能使需要安置的农民保持原有的生活水平的，经省级政府批准，可以增加安置补助费。但是，农村土地补偿费和安置费补助费的总和不得超过土地被征用前3年平均年产值的30倍。占用土地的补偿标准和补助数额可以参照征用土地的标准执行。

按照上述规定，审计人员要认真核对征地补偿安置方案中规定的农村土地补偿费折算标准，审查耕地前3年平均年产值计算是否科学、符合实际，有无低估、瞒报、压低补偿标准损害农民利益的问题。审查征地补偿安置协议中规定的土地补偿费标准及征地面积，计算出按协议规定的补偿标准应拨付到位的农村土地补偿费的总额。

二、征地补偿费到位情况审计

要审查农村集体经济组织"专项应付款"账户及银行存款日记账，查清农村土地补偿费是否及时足额纳入专账管理。从审查征地单位拨款数额入手，审查被征地单位农村集体经济组织，农村土地补偿费专户的借方当期发生额、"专项应付款"账户的贷方发生额，是否与农村土地补偿费总额相一致，看是否按标准拨付农村土地补偿费，所拨付的资金是否全额记入农村土地补偿费专户进行管理，有无截留、挪用及贪污等违法违纪问题。

第三节 征地补偿费分配和使用情况的审计

征地补偿费的分配及使用情况审计，主要包括2方面的内容：一是农村土地补偿费是有否按分配办法的规定，在农村集体经济组织内部进行分配；二是留归农村集体经济组织的农村土地补偿费是否按规定用途使用。

一、农村土地补偿费分配

征地补偿安置不落实的，不得强行使用被征土地。省级人民政府应当根据土地补偿费主要用于被征地农户的原则，制订土地补偿费在农村集体经济组织内部的分配办法。被征地的农村集体经济组织应当将征地补偿费的收支和分配情况，向本集体经济组织成员公布，接受监督。农业、民政等部门要加强对农村集体经济组织内部征地补偿费分配和使用的监督。

二、农村征地补偿费分配的审计

（一）审查农村土地补偿费分配范围

主要审查被征地的农村集体经济组织，是否按照《国务院关于深化改革严格土地管理的决定》（国发〔2004〕28号）省级人民政府制定的在农村集体经济组织内部的分配办法规定的分配比例、标准、范围进行农村征地补偿费分配，同时，审查"专项应付款"账户借方发生额、"银行存款"或"现金"账户贷方发生额，是否与农民取款清单的合计数相一致，看是否存在截留、挪用、抵扣农村土地补偿费的问题；并采取抽查的方法，对取款农民进行审查，看是否存在贪污、侵占农村土地补偿费的问题。

审计人员在对农村土地补偿费分配情况进行审计时，主要审查农村土地补偿费的分配合理性、合规性。审查留归农村集体经济组织的农村土地补偿费，是否及时足额记入"公积公益金"账户，通过核对"专项应付款"账户借方发生额、"公积公益金"账户贷方发生额，与按分配方案规定的分配比例计算的留归农村集体经济组织的农村土地补偿费的总额是否一致，看留归农村集体经济组织的农村土地补偿费是否足额记入"公积公益金"。

（二）农村土地补偿费使用的审计

留归农村集体经济组织的农村土地补偿费，要纳入公积公益金管理，不得平分到户，也不得列为集体经济债务清欠资金。农村土地补偿费下拨后，村集体经济组织对其收支实行专户管用，专款专用，主要用于发展村级经济，加大农业基础设施投入，提高被征地农民的生活水平，禁止用于农村土地补偿费出借和担保，不得用于发放干部报酬，不得用于购置小轿车、购买移动电话、建造办公楼等非生产性支出。凡需使用列入所有者权益的农村土地补偿费进行建设投资的，要经本集体经济组织成员（代表）大会民主讨论决定，并报上一级人民政府批准。经批准使用的农村土地补偿费，由民主理财小组负责日常开支监督，民主理财小组有权检查审核农村土地补偿费财务账目，有权否决不合理开支，有权代表要求农村集体经济组织成员对账目不清的开支提出质疑，有权要求农村集体经济组织负责人及财会人员对农村土地补偿费专户管理的财务问题做出解释。凡是集体经济组织成员要求了解的农村土地补偿费财务运行情况，都要及时逐项逐笔进行公布，对群众提出的问题，集体经济组织负责人有义务及时给予解答和解决，并将结果向群众公布。审计人员在对农村土地补偿费使用情况进行审计时，主要审查农村土地补偿费使用的真实性、合法性，有无违反规定侵占、挪用、平调和胡支乱花的行为，村集体经济组织对土地补偿费使用，是否公开透明，是否接受群众监督。

根据留归农村集体经济组织的土地补偿费核算特点，主要从以下几方面进行审查。

1. 审查"公积公益金"账户的贷方发生额

（1）审查"公积公益金"科目是否按不同的农村集体经济组织设置明细科目。目前，大部分土地都是归社（组）级集体经济组织所有，少部分土地归村级集体经济组织所有，为了防止平调农村土地补偿费，留归农村集体经济组织的土地补偿费计入"公积公益金"时，应按不同的农村集体经济组织设置明细科目。

（2）审查按照规定的农村土地补偿费分配比例计算的留归农村集体经济组织的数额是否与"公积公益金"科目的贷方发生额一致，从而审查是否存在截留、挪用、侵占、贪污土地补偿费的问题。

2. 审查有关会议记录及相关手续

土地补偿费的使用要按有关规定经过民主讨论，实行民主决策，民主管理，民主监督。农村土地补偿费的收支和分配情况，要定期向本集体经济组织成员公布，做到公开、公平、公正；要切实维护农民群众对土地补偿费的知情权、决策权、参与权、监督权。集体经济组织用公积公益金购建集体福利公益设施前，应召开集体经济组织成员大会或成员代表大会，并形成有关会议记录及与会人员的签字或盖章。这里，重点要审查村委会的会议记录，查看农村土地补偿费的分配、使用方案是否经过集体经济组织成员会议或者成员代表大会讨论通过，并有与会人员的签字（盖章）。

3. 审查借方发生额和贷方余额

审查用公积公益金购建集体福利公益设施的集体经济组织"固定资产""在建工程"等账户的借方发生额。同时，审查该集体经济组织"公积公益金"账户贷方余额，并将二者进行比较，审查是否存在平调、挪用集体资产问题。

4. 审查工程承包合同

审查工程承包合同及相关的工程支出原始凭证，并与相关当事人、经手人核实有关的情况，如工程名称、工期、承包价款总额及相关工程物资的实际市场价格，必要时可以聘请专业评估机构对工程造价及工程物资进行评估，审查在利用农村土地补偿费进行工程建设中是否存在贪污、侵占、挪用农村土地补偿费的问题。

（三）分配使用报批程序及账务处理审查

农村土地补偿费的分配、使用预算方案要经农村集体经济组织成员大会或成员代表大会批准，事后要将农村土地补偿费的实际开支、管理情况向农村集体经济组织成员大会或成员代表大会报告。留归农村集体经济组织的土地补偿费要严格按照《村集体经济组织会计制度》规定，全部统一纳入公积公益金科目进行核算，并设立农村土地补偿费专门账户，统一进行管理。当农村土地补偿费使用的财务事项发生时，经手人必须取得有效的原始凭证，注明用途并签字（盖章），交民主理财小组集体审核。经审核同意后，由民主理财小组组长签字（盖章），报经村集体经济组织负责人审批同意并签字（盖章），由会计人员审核记入专户账目。经民主理财小组审核确定为不合理开支的事项，不得入账，有关支出由责任人承担。财务流程完成后，要按照财务公开程序进行公开。

审计人员在审查农村土地补偿费分配使用报批程序及账务处理时，主要审查分配使用报批及账务处理过程中是否存在管理漏洞，手续是否完备。应当重点审查"固定资产""在建工程"等与农村集体公益设施建设相关的明细科目，审查每张原始凭证是否有效，有效的原始凭证是否经民主理财小组组长签字（盖章），并经会计人员审核，查清是否有挪用、侵占农村土地补偿费的行为。

第十二章 农村干部经济责任专项审计

第一节 概 述

一、农村干部经济责任审计的概念

农村干部经济责任审计,是指农村集体经济审计机构,以国家法律法规和政策以及集体经济组织的规章制度为依据,按照干部责任制的目标要求,在一定时间内及在干部离任时,对其任职期间履行经济责任的情况进行审查、评价和鉴证的一种专项审计。

农村干部经济责任审计包括农村干部任期目标经济责任审计和农村干部离任审计。

农村干部任期目标经济审计,是指审计机构以农村干部任期目标和有关法律法规政策为主要依据,对村干部一定时期内的工作成果进行鉴定,明确经济责任,客观公正地评价其业绩的活动。

农村干部离任审计也称村干部任期终结审计,是指审计机构对农村干部整个任职期间所承担经济责任履行情况所进行的审查、鉴证和总体评价活动。

二、农村干部经济责任审计的意义

开展村干部任期和离任经济责任审计,是农村基层干部监督管理工作的一个重要环节,是加强党风廉政建设的重要措施。做好这项工作,有利于促进农民群众选出作风正派、廉洁公正、为农民办实事的村干部,有利于强化村级财务管理的监督约束机制,有利于进一步健全和完善村务公开和民主管理制度,促进以税费改革为主要内容的农村综合改革工作。

农村干部经济责任审计的意义表现在以下几方面。

(一)有利于落实、完善农村干部经济责任制

农村干部经济责任制把利益机制、风险机制和竞争机制引入了农村干部

的管理制度，这就为农村干部的科学管理和使用提供了重要依据。但是，过去由于对村集体经济组织家底不清，对干部任期目标合理性、可行性无法断定，由此而来的是对干部在任职期间的经营状况、经营成果和经济责任也就无法确认和评价。通过开展农村干部经济责任审计，查清集体经济组织的家底，也就易于判断农村干部经营目标是否合理、完整、可行。同时对干部在任期内的经营业绩和经济责任作出客观、公正的评价，也就为兑现干部奖惩提供了可靠的依据，使干部经济责任制落到实处。另外，进行农村干部经济责任审计，为以后干部任期目标的确定提供了依据，这也为干部经济责任制的不断完善创造了条件。

(二) 有利于维护农村干部的合法权益

随着农村市场经济的发展和经济形势的变化，农村干部任期经济指标的完成情况，不仅取决于干部的主观努力，同时也要受到各种客观因素的影响，包括市场价格的波动、农产品供求的影响等，除此之外，任期之前各种遗留问题、任期目标或承包指标本身是否合理、来自上面的行政干预等都影响其经营指标的完成。实行农村干部经济责任审计的一项重要内容，就是对任职干部应承担的经济责任和应解脱的经济责任进行鉴证，实事求是地评价任职干部的功过是非，从而维护干部的合法权益，保护他们的积极性。

(三) 有利于促进农村基层党风廉政建设

改革开放以来.我国在农村实行家庭联产承包责任制，农村经济有了很大的发展。但是有的农村干部贪污、舞弊、挪用和侵占集体资金，有的对集体资产管理不善，造成农村集体经济组织的资产流失、毁损，给集体经济组织造成了极大的经济损失，过去对这些都缺乏有效的监督制约机制。实行农村干部经济责任审计，不仅可以及时发现这些问题，而且可以客观公正地鉴定其应承担的经济责任，或给与相应的惩罚，从而有效地促使农村干部遵纪守法，促进了农村的廉政建设。

(四) 有利于全面、公正地考察和使用干部

过去，一些农村领导班子在换届交接时，由于未经过公正的审计，以致责任不清，互相推诿，造成干部考核难度很大，无法正确评价经营业绩和经营能力。少数亏损干部弄虚作假、胆大妄为，报喜不报忧，反而容易得到提拔。实行农村干部任期经济责任审计，可以有效改变这种状况，有利于增强农村干部的责任感、危机感和使命感，从而正确地考察农村干部的能力。

(五) 有利于促进集体经济组织发展

农村干部在任职期间，具有支配、使用集体财产的权利，相应地也承担了管理、保护这些财产的经济责任，其中最主要的责任就是管好、用好集体资金，确保集体财产安全、完好、无损，同时还应保值增值。对农村干部进行经济责任审计就是要对其在集体财产的完整程度、经营盈亏的真实性和收益分配的合规性进行审计，这样就能发现、制止各种违法、违章、违约行为，保护农村集体财产完整和不受侵害。

三、农村干部经济责任审计的特点

农村干部经济责任审计除具有一般审计的特点外，还具有以下特点。

（一）审计对象的特定性

村干部审计的对象是行使村集体经济组织及村民委员会财务审批权和参与村级经济活动决策的村（社）委会成员。

（二）审计依据的多重性

农村干部经济责任审计不仅要以国家的法律、法规、政策作为审计的依据，而且还重点要以被审计干部所在的农村集体经济组织的规章制度和干部任期目标计划或承包合同的条款为依据。这也是农村干部经济责任审计区别于其他审计的一个重要特征。

（三）审计时限的不确定性

我国地域辽阔，各地自然条件和经济发展极不平衡，从而导致不同地区的村经济活动差异较大，因此不同的村，其村干部就有不同的经营目标，审计时就要根据经营项目签订的起始和结束时间来开展，同时由于我们无法预测村干部离任的时间，因此村干部的离任经济责任审计，不能预先列入年初或月初计划。

（四）审计内容的广泛性

每一种类型的审计都有其侧重和具体要求，财政收支审计是对政府及各部门的财政收支情况的真实、合法和效益进行审查和监督；财经法纪审计是对严重违反财务制度、结算制度、信贷制度以及国家法规的责任人所进行的专项审计；经济效益审计是对被审计单位的经营成果的真实性、效益性所进行的审计。而农村干部经济责任审计除了包括上述各类审计的全部内容之外，还包括对农村干部任职期间经济业绩的评价和经济责任的审查。

第二节　经济责任专项审计的对象及内容

农村干部经济责任审计的对象，是行使村集体经济组织及村民委员会财务审批权和参与村级经济活动决策的村（社）委会成员。

根据当前我国农村的主要经济活动和村干部行使的职责，村干部经济责任审计的主要内容有以下几方面。

一、农村经济责任目标完成情况

主要审计：任期内农民人均纯收入等经济指标是否增长，农村基础设施建设是否完成；村级集体资产是否增值和债务是否下降；财务管理、资产管理和民主理财等内部控制制度是否健全等。

二、财经法纪执行情况

主要审计：各项收入是否及时、足额入账，有无侵占、挪用、私分集体资金和私设"账外账"或"小金库"等问题；是否存在通过虚增债权的手段来虚增收入，以及将收入或非法收入挂在往来账上虚增债务等问题；有无滥用职权侵占、挪用、平调集体资产和长期占用集体资金的问题；是否存在未按民主程序，私下交易变卖土地等问题。

三、农民群众关注的热点问题

（一）集体资产处置

主要审计：村集体企业改制、"撤村建居"和并村过程中集体资产的处置情况，有无非法转让、转卖和侵吞集体资产的行为等。

（二）债权、债务管理

主要审计：村里举债是否经村民代表大会讨论，按规定的审批程序办理；是否存在以兴办公益事业为由擅自高息借款；是否擅自为企业贷款提供担保、抵押，导致新增债务；有无借债进行达标升级活动等情况。

（三）土地发包、承包

主要审计："四荒"等资源性资产的发包是否采取招标、拍卖、租赁、参股和公开协商等方式，是否签订规范的承包合同；村级基建工程建设是否公开招标，有无"人情"承包和"以权"承包等。

(四) 专项资金管理

主要审计：上级划拨或接受社会捐赠的资金和物资的管理、使用情况；土地补偿费管理、使用情况；农村合作医疗资金的管理、使用情况；粮食直补资金或公益林补偿资金的发放情况等。

(五) 财务公开

主要审计：财务公开是否全面、真实、及时、规范；村内"一事一议"筹资筹劳的程序是否规范，资金收取是否超标准、超范围以及资金的使用情况等。

第三节　经济责任审计的原则、程序和方法

一、农村干部任期目标经济责任审计的原则

为了确保对农村干部的经济责任作出实事求是的评价，必须依据一定的原则进行审计。

(一) 依法审计的原则

在依法审计的原则下，要求审计以事实为依据，以法律为准绳，不偏不倚，这也是对农村干部经济责任审计的基本要求。在实践中，有的农村干部因坚持改革，触犯某些人的利益而遭诬陷；也有的农村干部借改革之机，贪赃枉法。这就要求审计人员必须以国家法律、法规、政策及集体经济组织规章制度为依据，辨明真相，秉公执法，不得徇私舞弊和敷衍搪塞。对改革过程中出现的一些无法可依的新问题、新情况，也要依照国家有关政策规定进行处理。

(二) 权责统一的原则

农村干部在任期间，享有对农村集体经济组织资产管理权和生产经营的决策权，同时，他也必须由此承担相应的责任。这种权利和责任应当是统一、对等的。一般来说，享有的权利越大，承担的责任也就越大。因此，在开展农村干部经济责任审计时，就必须坚持权责统一的原则。审计实践中，要注意区分：干部自身的决策行为与上级领导和有关部门干预之间的责任界限；工作失误和钻法律、政策空子之间的责任界限；主观原因和客观原因之间的责任界限。例如前届干部的责任不能由本届干部承担，同样也不能把本届干部的责任推给下届干部。干部之间的责任应当明确，以便于审计考核。

(三) 坚持全局利益的原则

即小团体利益不得损害宏观利益、当前利益不得损害长远利益、经济利益不得损害社会效益、生态效益。坚持这一原则，就可以防止和制止少数农村干部为捞取好处、扩大政绩，采取急功近利的短期行为，从而保护国家、集体和社会公共利益不受侵害。

(四) 坚持实事求是，客观公正的原则

这一原则是审计人员在任何审计的条件下都必须遵循的基本原则。是审计人员应当恪守的职业操守。审计工作的权威性就要求审计人员必须坚持实事求是、客观公正的审计态度，否则，审计就毫无意义可言。坚持这一原则，就是要求审计人员从实际出发，注重事实，根据真实的情况和符合客观实际的材料去认真、全面地分析研究问题，切忌主观片面。

(五) 坚持群众路线的原则

进行农村干部经济责任审计离不开群众的支持。对农村干部经济责任审计是对农村干部及任职单位所进行全面审计，除了对农村干部的经济责任进行评价外，还要进行财务收支、财经法纪及经济效益等方面的审计，这一切仅仅通过书面资料是不够的，审计人员应当走到群众中去，听取群众的意见，了解他们对于农村工作的意见，以便得到更多的审计证据，对干部作出客观公正的审计。

二、经济责任审计程序

审计程序是指审计人员在审计项目时，从开始到结束的整个过程中采取的系统性工作的先后顺序。审计活动是一个有内在逻辑关系的监督活动过程。农村干部经济责任审计包括三个阶段，即审计准备阶段、审计实施阶段、编制审计报告阶段。

(一) 审计的准备阶段

审计的准备阶段，是指从确定审计任务开始，到具体实施审计工作之前的整个准备过程。这一阶段的工作，主要是为具体实施审计程序作准备，科学、合理的计划可以帮助审计人员有的放矢地去审查、取证，形成正确的审计结论，从而实现审计目标；可以使审计成本保持在一个合理水平上，提高审计工作的效率。农村干部经济责任审计的准备阶段，应当包括下列4个程序。

1. 立项

根据乡镇政府、上级主管部门或农村集体经济组织的委托，审计机构应

首先对农村干部经济责任审计进行立项,纳入审计计划。

2. 制定审计方案

审计方案的主要内容:一是被审计农村干部的姓名、职务,任职单位的名称、经济性质、隶属关系;二是审计的目的、依据;三是审计的范围和内容;四是审计的步骤、方法和时间;五是选派的审计人员及分工。

3. 下达审计通知书

审计方案经主审单位的领导审批后,由主审单位向被审计人员签发《农村干部经济责任审计通知书》。这一通知书明确了委托目的、审计范围及双方责任与义务、出具审计报告的时间等。

4. 组建审计小组

在实施正式审计之前,要成立审计小组,组织审计人员讨论审计方案,明确审计任务,了解有关农村法律、法规、政策,掌握审计依据,并做好人员分工。

(二) 审计的实施阶段

审计的实施阶段是审计全过程的中心环节,是实施审计计划,搜集审计证据,借以形成审计意见的关键阶段。

1. 进驻被审计单位

审计人员做好充分准备之后,就要按照审计计划进驻被审计单位。进驻后,先要使被审计单位的有关人员了解此次审计的目的、内容、起止时间等,争取他们的信任、支持和配合,并通过与他们接触,进一步了解被审计单位的情况。

2. 被审计人员和任职单位报送有关资料

被审计人员应当提交《述职报告》,被审计人员任职单位应提交有关账表、凭证、资产盘存表及债权债务清单等资料。《述职报告》应当包括下列内容:一是任期目标计划(包括分年度的计划)及其制订的依据和完成情况;二是任职前和所在单位的资产、专用资金、财务收支、经营成果、经济效益和债权债务的变化情况;三是工作中取得的突出成绩,存在的主要问题,以及受到的奖惩;四是遵守财经纪律的情况,对出现违纪问题应承担的责任。

3. 收集有关资料

这些资料包括干部任职前后,所在单位的财产、资金和债权债务清查情况;任期目标计划或承包合同指标完成的情况;财务收支计划和决算情况;内部控制制度建立和执行情况以及收益分配的情况等。

4. 进行审查、评价

在对被审计干部的经济责任进行审查、评价过程中，审计人员必须认真填写反映该项目审计所涉及的事实和情节的原始纪录，对发现的问题，要收集证据，并作出初步定性和处理意见。

(三) 审计终结阶段

审计终结阶段也称审计的报告阶段。在审计的实质性工作基本结束后，形成了大量的审计证据和审计工作底稿，审计工作即进入了终结阶段。

1. 整理审计证据，汇总审计工作底稿

在进行审计工作的过程中，积累了审计证据和审计工作底稿是个别的、分散的，必须在终结阶段对它们分门别类地加以整理汇总。对审计证据，要通过整理分析，挑选出最适宜、最有说服力的证据，作为支持审计意见的依据，得出正确的审计结论。

2. 撰写审计报告

有了系统的、可靠的审计证据和审计工作底稿后，审计工作小组负责人就要召开全体成员会议，进行充分的讨论，形成初步的审计意见，然后由小组负责人或由几个人分工撰写审计报告初稿。审计报告初稿完成后，应与被审计单位交换意见，在尊重客观事实的基础上尽可能取得一致意见，避免审计报告的内容失实和审计结论意见的失误。审计报告应当按照审计准则的要求编写，定稿后由审计机构有关业务负责人签发。

审计报告内容应当包括下面有关情况：一是审计内容、范围、方式、时间及有关情况的概述；二是被审计干部任职单位的基本情况；三是干部任期目标完成情况的评价；四是干部任期经济责任的界定；五是对审计中发现问题的定性及其依据；六是审计结论、处理决定和有关建议；七是审计组认为需要报告的其他事项。

审计报告应征求被审计干部的意见，必要时还应征求有关部门的意见。审计报告经主管领导审批后，即可下达审计结论或作出决定，通知有关单位执行。对于有严重违法、违纪问题的人员，应转为财经法纪专案审计，或移交司法部门处理。审计报告还应按照档案管理的要求，整理立卷，存档备查。

三、经济责任审计方法

审计的方法有很多种，进行农村干部经济责任审计要选择适合的审计方法，鉴于农村干部经济责任审计的特点，应选择下列的方法。

(一) 调查法

进行经济责任的审计,决定了审计人员应当深入到群众之中或有关单位,以观察、询问、访问等形式,了解核实有关情况,或向有关人员征求意见。这是进行农村干部经济责任审计所必须的一种方法。在目前农村情况非常复杂的情况下,单纯依靠查找书面证据是远远不够的,必要的实地调查会使审计人员获得更多的、有用的审计证据,以利于形成正确的审计结论。在调查过程中,既要通过召开座谈会、访问重点人员等方式,倾听知情人对某些事实现象和问题的看法,还要通过实地观察,掌握被审计单位的审查经营管理及财产物资保管、资源利用、内部控制制度的执行等情况与书面材料的记载是否相符。对审计过程中发现的疑点问题,也要通过调查弄清事实真相;对重大的违纪、违法问题,还要进行跟踪调查,以取得必要的审计证据。

(二) 查账法

这是进行审计工作都要进行的审计方法。凭证、账册、报表和其他原始资料是事项、交易的轨迹。通过对这些账目的审查,以判断反映的经济活动是否真实、合法、合规和合理。除此之外,还应对被审计单位的资源、资产利用情况资料,建立内部控制制度资料及收益分配资料等进行认真审查,寻找线索,为最终达到审计目的打好基础。

(三) 分析法

分析法是将某一事物分解为若干部分进行观察研究,以揭示其本质,了解其构成要素和相互关系的方法。一般讲,分解的越细致,越易于发现问题。例如对农村干部任期目标或承包指标完成情况的审查,是农村干部经济责任审计的重要内容,因此,除审计财务收支、经营成果、核实财产物资以外,还必须对有关报表、资料进行分析研究。如将干部任期末的主要经济指标与任期目标或承包指标对比,看完成计划的情况;与任期前基础指标对比,看发展速度;与同行先进单位的同期经济指标对比,看生产经营水平等等。这样,就能更全面、客观地评价任期目标或承包合同完成情况,并提出改进工作的建议。

第四节　承包经营责任及合同审计

一、承包经营责任审计

承包经营责任审计，是适应企业实行承包经营责任制而建立的一种审计制度，其目的是对责任合同双方及企业经营者进行审计监督，以维护资产的所有者、经营者和生产者的合法权益，提高经济效益，严肃财经纪律，促进承包经营责任制的健康发展。在现阶段，尽管有些企业实行税利分流，有些企业实行了股份制，但相当多的企业仍然实行承包经营责任制，这种形式不仅能够进一步完善企业经营机制，有利于调动企业和职工的积极性，提高经济效益，而且能够把责任指标分解落实到企业内部各层次，实行自主经营、自负盈亏、自我改造、自我发展。在这种情况下，开展企业承包经营责任审计仍然十分重要。

承包经营责任审计是一种综合性的连续审计，它应当按照承包期的不同阶段，实行承包期前审计、期中审计和期满审计。以下就各阶段承包经营责任审计的内容和方法，作简要的说明。

(一) 承包期前审计

1. 承包期前资产效益的审计

实行承包经营责任制，无论采取哪种承包经营方式，都应签订承包经营合同，以法律形式确定企业与集体及国家的经济关系，其中关键问题是确定承包经营目标。而承包经营目标是以合理的承包基数为依据，承包基数又必须以企业现有资产的真实性为基础。因此，通过对企业资产效益的真实性和正确性的审查，可以为合理确定承包基数和比例提供依据。

承包期前资产效益审计，主要是审查集体(国有)资产在承包前的评估和承包经营合同有关集体(国有)资产保值增值指标的真实性、合法性和有效性。通过承包前一年度财务会计报表及财产清查评估资料，界定承包前集体(国有)资产的数额。重点应从以下几方面进行审查：一是查明企业固定资产帐实是否一致，有无盘盈、盘亏的问题；二是审核企业承包前的主要经济指标，尤其是利润指标的真实性，查明有无潜亏或潜盈情况；三是核实企业的债权债务状况，划清经济责任；四是查实库存产品的真实性；五是核查企业资金有无账实不符的问题。

应当注意，在此阶段，审计人员的工作不是对企业资产进行评估，而是评价其各种财产、债权、债务和盘盈盘亏的真实性。

2. 对承包基数的评价

承包基数的高低,直接影响着发包方的利益。因此,只有在基数真实合理的基础上,确定承包金额具有合规性。

承包额一般是以上年上交的利润额为准,对受客观因素的影响,利润变化较大的企业,可以承包前2~3年上交利润的平均数为基数,也可以参照该地区、该行业平均资金利润率进行适当调整。承包基数的审计,主要是审查企业过去几年利税的真实性、合理性,弄清企业的经营状况,实现利润的数额及其发展前景,影响基数变化的潜力,以便作出客观的评价。

3. 审计承包指标的科学性

承包指标是考核和评价企业经营业绩的标准,主要包括:经济指标、技术指标、社会指标等。承包指标体系是否科学,直接影响企业经营业绩的计量和评价的真实性。因此,承包期前,必须对承包指标体系进行审计。

应当查明指标是否过简或过繁,是否只规定了近期的经济指标,缺乏长期投资指标,有无易造成企业行为短期化的指标,各指标间是否相互衔接、有无矛盾。限于目前审计人员的素质和力量,应着重审查财务承包指标,如上交利润递增率,超收分成比例等,企业留利中特种基金的提取比例,资产的保值增值及效益指标。

4. 审查承包合同条款的合法性和完备性

承包经营合同是明确双方责权利关系的书面契约,其内容一般包括:一是承包的形式和期限;二是承包经营目标(包括经济指标、技术指标和社会指标等);三是合同双方的责、权、利;四是对承包经营者的奖罚规定;五是合同更改、解除和终止条件。承包合同是承包经营责任审计的重要依据之一。应审查承包双方的主体是否合法,有无法人资格;审查承包合同的内容是否明确、具体、是否合法,有无违反国家方针政策和严重损害集体(国有)资产等不合法内容;审查承包经营方式是否合法,有无违反国家有关规定的非法经营行为;审计承包经营合同是否经过公证,是否具有法律效力。

5. 承包经营者的资格审查

承包经营者是企业的法人代表,是企业经营责任的主要承担者,也是企业经营活动的组织者和领导者,应具有良好的经营管理素质,主要应从下列三方面进行审查:一是审查政治素质。看其是否具有一定的政策水平,思想政治工作能力;能否正确贯彻执行党和国家的方针政策;二是评价经营管理素质。看其是否具有开拓创新、踏实肯干的精神;是否具有科学决策、合理组织、正确指挥和协调的管理能力；是否具有企业外交和经营的素质；三是评价业务素质。看其是否具有丰富的本行业的业务知识和科技知识；是否掌握和了解国内外同行业发展的水平和现状。

（二）承包期中审计

为了保证承包合同的全面完成，在承包期间，必须对承包经营者进行年度审计，监督其经济责任的履行，实现任期目标。同时，通过承包期中的审查，可及早发现和纠正企业的短期行为，及时发现和解决经营管理中的问题。承包期中审计的内容主要是：

1. 审查财务收支和决算的真实性、合规性、合法性

着重检查销售成本与销售收入是否配比，有无多计或少计销售利润；成本计算方法各期是否一致；营业外收支是否符合规定；有无通过往来结算账户虚增或隐瞒收入；当年实现的利润是否真实准确；审查企业财产、资金及债权、债务是否真实、正确；查明当年财务收支，基金提取、使用、投资、联营等是否合法合规。

2. 审查年度承包任务的完成情况

着重审查是否实现了合同规定的资产保值增值及效益指标，承包方和发包方提出的业绩评价和奖惩兑现结果是否客观公正，是否维护了各方的合法权益，有无短期行为，企业有无发展后劲。

承包期中审计，一般应按年度进行，可采取报送审计与就地审计相结合的方式。承包经营责任审计是一种连续审计，为了给后续审计打好基础，从承包期前审计开始，就应对每个审计对象分别建立档案。

（三）承包期满审计

企业承包经营合同期满后，为了兑现合同规定的奖惩办法，正确评价承包经营者的业绩和履行经济责任情况，必须对承包经营合同执行结果进行全面审计。

承包期满审计，既是本期承包的终结审计，又是下届承包的期前审计。因此，必须慎重从事，以便能促进厂长（经理）负责制实施，完善和发展承包经营责任制。承包期满审计的主要内容是：

1. 审查经营成果和财务收支活动的真实性、合规性、合法性

主要审查承包经营期内财务管理，内部控制制度是否加强，财务会计报表反映的各项经济指标是否真实，正确。由于期中审计积累了各年度合同执行情况的资料，进行期满审计时，可以直接进行汇总，全面、综合分析这些

资料，作出审计结论。

2. 审查承包目标任务的完成情况

主要审查承包经营期内，企业各项经营指标是否实现了承包经营合同规定的承包者任期目标的要求。着重审查承包上交任务的完成情况；企业留利提取的完成情况；企业技改项目和投资计划完成情况。同时，还应综合分析企业整个承包期内的经济效益，产品的市场占有状况，企业产品、资源的开发能力，智力投资水平，审查企业发展后劲。

3. 审查集体（国有）资产的安全、完整和利用情况

重点应核实企业各项财产的积累、价值和质量；资产的管理及使用情况，是否合理，有无严重的损失浪费现象；集体（国有）资产是否保值增值，有无掠夺性经营，造成集体（国有）资产的损坏或流失的情况。审查承包经营期内是否正确处理了国家、集体、企业、承包人和职工之间的利益关系，有无违法违纪行为。

二、经济合同的审计

经济合同审计是由审计机构对经济合同从签约、履约、终结的整个运行过程，就其合法性、效益性进行审查、分析评价，以维护企业权益，履行经济责任的一种独立性监督活动。经济合同作为企业对外确立经济关系，明确彼此权利、义务及责任的法律文件，在现代经济生活中发挥着越来越重要的作用，成为市场经济不可缺少的要素，为了减少合同履行过程中出现的问题，避免不应有的经济损失，维护企业的合法权益，加强企业内部控制，产生了经济合同审计。

（一）经济合同审计的意义

随着社会主义市场经济体制的确立，现代企业制度的逐步建立，村集体经济组织主办或联营企业将成为市场的主体，企业同外部发生的所有经济关系都是靠经济合同联结起来的，企业的全部利益都集中地体现在经济合同之中。如果经济合同签订不当，将会给企业带来损失，同时也会扰乱国家经济秩序。因此，开展经济合同审计具有重要意义。

1. 有利于维护企业的合法权益

企业是以合法盈利为基本目标的，使企业的合法权益不受损失，是加强企业管理的重要内容。经济合同审计是以企业同外部的经济活动为审计对象，具有财经法纪审计和经济效益审计内容的综合性审计形式。通过对经济合同内容合法合规性审计，可以避免企业因发生违法行为而受到国家法律的

制裁，避免因合同条款不严密、不准确、不平等而使企业蒙受损失，减少合同纠纷，提高合同的履约率。通过对经济合同内容的合理性和效益性审计，可以摸准企业生产经营和管理活动的脉搏，并带动有关的专项审计及内控管理制度等业务的开展。这些不仅能够保护企业的合法权益不受损害，而且有利于规范企业经济行为，树立良好的企业形象，达到提高企业经济效益的目的。

2. 有利于促进企业市场网络体系

社会主义市场经济，要求建立企业间的横向协议计划，与国家和企业间的纵向宏观调控相结合的纵横相交的市场网络体系，而作为明确商品生产经营者之间权利义务关系并受法律保护的经济合同，具有把一个地区、一个国家，甚至全世界的经济活动联系起来的功能，成为经济单位之间经济活动的纽带。同时，它也是将各单位的经济活动与国家的宏观调控相连接的桥梁，可以说，经济合同是市场经济不可缺少的要素。要坚持市场经济运行规则，必须保证经济合同的合法性、合规性、有效性，经济合同审计是达到此目的的一种手段。

3. 有利于国民经济的顺利运行

随着改革的深入和社会主义市场经济的不断发展，国家对企业的间接控制，主要是运用法律和经济手段调控经济的运行，集中体现企业经济利益、经济关系及活动的经济合同，是国家经济法律调节的重要对象。但是，以法律手段处理各种与合同有关的经济纠纷，是事后性的，而经济合同审计具有超前性，可以把可能在事后引起纠纷的各种因素消灭在萌芽状态，尽量减少合同履行过程中出现的问题，避免不应有的经济损失，做到防患于未然。特别是违反国家政策法规的合同及可能给企业利益和公共利益造成重大经济损失的经济合同，如能事前审计出来并加以处理，将对维护整个经济秩序，保证国民经济的顺利运行有着十分重要的意义。

4. 有利于促进审计人员业务素质的提高

经济合同审计是近几年来企业为加强内部控制而出现的新的审计事项。就其内容来讲，一方面是包括财务收支、财经法纪和经济效益审计三方面内容的综合性审计。另一方面，一项经济合同往往关系到企业生产经营的大局，对企业的生存和发展产生重大影响，审计人员的责任也因此而加重。因此，经济合同审计对审计人员的业务素质要求很高，这也就促使了审计人员努力提高业务水平，达到经济合同审计的要求。

（二）经济合同审计的原则

经济合同审计根据其审计对象的特点，应注意以下几条原则。

1. 控制重点，检查一般

在市场经济条件下，企业经济合同的数量相当大，如对企业所有经济合同逐项进行详细审计，是难以做到的。在审计时，应根据经济合同的性质和审计工作的需要，将经济合同分为重点和一般两大类。对于一些特殊的经济合同，包括联营合同、合资合同、补偿贸易合同、内部承包经营合同等对企业生产经营有重大影响，性质比较重要的重大经济合同，要进行全过程的跟踪审计和监督控制。对于一般的经济合同，则可采取抽审、轮审和定期检查的办法，分析和解决带有倾向性和普遍性的问题。

2. 以签约前审计为主

经济合同审计应重点进行事前审计，也就是在签定经济合同之前，对合同方的信誉、履约能力有关方面进行调研，并对合同条款的合法性、严密性和准确性进行审查，认真把好合同签约关，尽量减少可能产生纠纷的因素，避免造成不应有的经济损失。

3. 合法性与效益性兼顾

企业的最终目的是实现最大的经济效益。经济合同审计也应围绕这个目的来进行，注重对合同反映的效益情况进行审计，但不能因此而忽视合同的合法性审计，要同时兼顾合法性和效益性两个方面，而且合同的效益要以合法为前提。当合法性与效益性不能完全一致时，首先要使合同符合《经济合同法》及国家有关财经法规、政策的规定，在此基础上去追求较大的经济效益。

（三）经济合同审计的内容

对经济合同进行审计，主要是从经济合同的签约情况、履约情况和执行结果等方面入手进行审计。具体内容包括如下。

1. 经济合同签约审计

主要是对经济合同在签约之前和签约过程中的合法性、效益性进行审计，属于事前审计。主要审查内容有：

（1）审查经济合同立项的必要性和可行性。主要审查合同项目是否符合企业的生产经营计划，企业发展目标和方向，有无盲目订立合同的情况，有无只顾眼前利益而忽视企业长远发展的合同项目。

（2）审查合同对方是否具备签约条件。主要审查合同对方是否具备通过自己的行为取得合同权利和承担合同义务的能力。包括是否具有法人资格，有无独立的名称、组织机构和场所及必要的财产，是否能够独立承担民事责任；审查合同对方信誉和履约能力，调查了解对方是否具有市场竞争能力，偿债能力和综合生产能力，是否具有良好的生产和经营环境，较高的人员素质等。

（3）审查经济合同招标工作的合理性、合规性、合法性。主要审查重大工程合同招标条件是否具备，是否具有较为完善周密的招标、投标和标的计划，招标程序是否合理、合规。

（4）审查经济合同内容的经济性和效益性。主要审查预付货款与付款进度是否合理，收费项目与取酬标准是否合理，合同项目是否先进合理，有无可替代项目，经济效益是否能达到预期水平。

（5）审查经济合同条款的合法性、严密性、准确性和完整性。主要审查合同标的物是否明确，内容是否符合国家有关政策法规的规定；合同项目内容是否明确具体，有无含糊不清，容易产生意思理解偏差的措词；合同条款是否完整没有漏项，特别是违约责任是否明确具体。

2. 经济合同跟踪审计

主要是对经济合同签订之后，在合同执行过程中和合同执行完毕后的合同履约情况及结果进行的审计。包括以下具体内容。

（1）审查经济合同的履行情况。主要审查经济合同在执行过程中，合同双方是否履行了合同中所规定的义务和责任，有无违反合同条款的行为；有无在合同履行过程中发现合同条款不明确，无法履行合同的情况；调查了解企业合同履约率，违约次数、金额、无效合同及合同执行进度等情况，分析研究经济合同在执行中存在的问题，提出相应的审计建议。

（2）审查经济合同执行结果的有关情况。主要是核实经济合同的执行结果是否有违约行为，对违约部分，是否根据合同中的违约责任条款规定和国家有关政策法规向违约方提出索赔；对于合同的变更和解除，要审查是否符合有关法规的规定，有无损害企业合法权益的现象。

第十三章 农村集体经济财经法纪审计

第一节 财经法纪审计的概念

一、财经法纪的概念

财经法纪包括财经法律、财经法规和财经纪律3个部分。财经法律是指由国家立法机关制定或认可，并以其强制力保证实施的，要求人们从事经济活动必须遵守的行为规范。财经法规是指由国务院颁布或由国务院批准颁布，以及省一级人大颁发的有关经济方面的规定、条例、实施细则等。违反财经法律、法规的行为统称为违法行为。违法行为根据违法情节的程度不同，分为经济犯罪和一般违法行为。经济犯罪是指我国经济领域内严重危害社会利益，触犯刑律应受刑法处罚的行为。一般违法行为，则指违法情节轻微、危害不大的行为。财经纪律是指部门、系统或企事业单位制定的规章制度、规定等，要求人们遵守的经济活动的规则，旨在引导人们经济行为的一致性和规范性。

二、农村集体经济财经法纪审计的概念

农村集体经济财经法纪审计，是指对被审计单位财务管理和经济活动进行专案审查核实，以揭露和纠正违法违纪行为而实施的审计。农村集体经济财经法纪审计的重点是审查和揭露各种舞弊、侵占集体资产的事项，审查和揭露造成国家和集体资产重大损失浪费的各种失职渎职行为。其任务是审查被审计单位贯彻执行财经法纪情况及存在问题，彻底查明各种违法乱纪案件，并根据审计结果，提出处理建议。

农村集体经济财经法纪审计，以农村集体经济财务审计为基础，但与农村集体经济财务审计有明显区别，主要体现在：一是两者的对象不同。农村集体经济财务审计的对象是单位的经济活动。农村集体经济财经法纪审计的对象是单位违反财经法纪的行为；二是两者的目的不同。农村集体经济财务审计的目的是对被审计单位的会计报表及其所进行的经济活动的合法性、真

实性和有效性起监督、鉴证和评价作用。农村集体经济财经法纪审计的目的是查实违反财经法纪问题的情节，并按有关法规做出处理或移交有关部门追究法律责任或行政责任，起到严肃财经法纪的作用；三是二者实施的时间不同。农村集体经济财务审计一般是事后审计，也可以是事前或事中审计；农村集体经济财经法纪审计只能是事后审计；四是两者的责任人不同。一般的农村集体经济财务审计以处理单位为主；而农村集体经济财经法纪审计则一般要追究直接责任人员的个人责任，单位一般只承担连带责任。

第二节　财经法纪审计特点

一、农村集体经济财经法纪审计的特点

（一）政策性和法律性强

农村集体经济财经法纪审计审查的是违反财经法纪的行为，它不能通过一般的财务审计来解决，而要通过专案审计的方式，在审计过程中必须严格按照国家颁布的财经方针、政策、法律、法规来进行，在事实清楚的基础上，做出审计评价，对违法违纪行为进行处理、处罚，必须有明确的法律政策依据，并且要定性准确，处理、处罚正确、适当。

（二）具有执法的严肃性和强制性

农村集体经济财经法纪审计作为维护财经法纪，打击经济犯罪活动的重要手段，目的是严厉惩处违反财纪法纪的单位和个人，并将责任最终落实到具体责任人身上，具有执法的严肃性和强制性。

（三）审计对象复杂

农村集体经济财经法纪审计审查的案件，案情一般都比较复杂，牵涉到人与人之间的复杂关系。大多数违反财经法纪的行为都具有隐蔽掩饰的特征。有些案件是经过蓄意预谋、精心策划、采取非法手段，弄虚作假，隐瞒真相；有些案件涉及面广，又受到层层关系网的庇护。因此，农村集体经济财经法纪审计工作，复杂艰巨，工作难度较大。

（四）具有突发性和被动性

违反财经法纪行为的发生往往是难以预料的，具有突发性，农村集体经济财经法纪审计很难在农村集体经济审计计划中明确规定，只能在发现有关线索或收到举报以后才能立案审查，因而具有被动性。同时，农村集体经济

财经法纪审计还是一种事后的突击性审计，它要求农村集体经济审计机构集中力量，快速行动，及时查清案情，并采取果断措施，制止违法乱纪行为的蔓延。

（五）没有固定的审计模式

违反财经法纪的形式多种多样，手段各异。因此，农村集体经济财经法纪审计无固定的审计模式可以遵循。审计人员应从实际出发，具体情况具体分析，采用灵活多样的审计方法进行审计，只有这样，才能顺利地完成农村集体经济财经法纪的审计任务。

二、农村集体经济财经法纪审计的原则

农村集体经济财经法纪审计对审计人员的素质有着较高要求，不仅要求审计人员具有精湛的业务知识和较强的工作能力，还要求审计人员具有良好的思想品德和踏实的工作作风。只有这样，才能客观公正地做出审计结论，提出处理意见。在审计工作中，审计人员应遵循如下原则。

（一）客观公正，实事求是

审计人员在工作中，要尊重事实，真实地反映客观事物的本来面目，既不能扩大，也不能缩小，防止主观臆断，避免带有任何个人偏见。收集证明材料，应当客观公正，实事求是，防止主观臆断，保证证明材料的客观性。在定性、定案过程中，要以事实为根据，以财经法纪为准绳，根据实际情况，分清是非曲直，实事求是地反映问题、处理问题。

（二）严于律己，秉公执法

审计人员的立场要坚定，观点要鲜明，要以身作则，严于律己。在处理案件时，经常会牵涉到某些干部的利益，或是碰到错综复杂的关系网。他们往往会通过各种各样的手段阻挠审计工作的开展，这时审计人员更应严格遵守审计工作纪律，知难而进，秉公执法。

（三）谨慎细致，认真负责

农村集体经济财经法纪审计涉及面广，案情又较为隐蔽掩饰。审计人员要本着高度负责的工作态度，保持职业谨慎，认真调查研究，慎重下结论，正确定性，恰当定量，避免因工作疏忽而遗漏重要审计事项或造成审计结论错误。

（四）讲究方法，因势利导

一般情况下，违法违纪的人，总会采取一些办法掩饰错误。有的犯罪分

子深谙业务知识，作案手段狡猾隐蔽；有的集体舞弊，弄虚作假；有的依仗权势，织成严密的关系网等等，这些都会给审计工作增加复杂性和艰巨性。所以，要查清问题，必须研究查证方法，寻找薄弱环节，选准突破口，尽可能地把案件的来龙去脉，前因后果搞清楚。如果不讲究方法，鲁莽行事，就很容易造成被动，使案情一筹莫展。所以审计人员在进行审计时，既要强调严肃性，又要讲究方法，在错综复杂的头绪中理清线索，找到关键点，抓住破案良机，及时查明案件真相。

（五）深入群众，调查研究

在农村集体经济财经法纪审计中，审计人员要经常深入到基层，到农民群众中去，广泛征求意见和了解情况，反复核实审计证据，确保其真实、充分、可靠，决不能闭门造车，凭想当然办事或听一家之言，武断、片面地下结论。有些违反财经法纪行为的手段非常隐蔽，常常在账上很难查出。在这种情况下，审计人员更要深入群众调查，取得农民群众的支持与协助，取得有关证据。

第三节　财经法纪审计的目标任务

一、农村集体经济财经法纪审计的目标

（一）审计清楚违反财经法纪的全部事实及危害程度

农村集体经济财经法纪审计既要查清有关违法违纪事件的起因、经过、发展的来龙去脉和掩饰违法违纪的行为，又要查清现金实物的来源和去向。审计人员要从错综复杂的情况中理清头绪，寻找线索，取得确凿可靠、具有证明力的证据，以澄清事实，揭露违法乱纪的真相，为正确结案、追究责任作好准备。同时，还要查清违法违纪产生的后果和造成的经济损失情况。

（二）审计清楚违法违纪事项的性质

审计要根据事实、情节和证据，对照有关规定，查明和确定是贪污盗窃、职务侵占，还是工作失职造成上当受骗损失浪费；是有计划有目的地故意违反财经法纪，还是由于工作失误，技术性差错造成的过失性错误，等等。在确定案情的性质时，要根据违纪事实作为主要依据，还要联系违纪事件当时发生的环境，而不能单凭案件的具体细节，证据要确凿，评价的措词要慎重，要以理服人。

(三)审计清楚违法违纪事项有关当事人的责任

违反财经法纪问题一般都涉及几个人,每个当事人所起的作用和应负的责任是不同的。所以,要查清是属于研究策划,拍板决策的主要责任者,还是积极参与者或奉命行事、照抄照办的经办者;是经办者违反原定意图办事,还是经办者提出正确意见,领导者固执己见,不改正错误而形成的等等。

二、农村集体经济财经法纪审计的任务

农村集体经济财经法纪审计的任务主要有:一是负责审查并处理财务审计和经济效益审计中发现的重大违反财经法纪的问题;二是负责审查并处理下级农村集体经济审计机构上报的严重违反财经法纪的问题;三是负责审查上级党政机关或审计机构批办的违反财经法纪的问题,并上报结果;四是负责审查并处理农民群众举报的严重违反财经法纪的问题;五是配合纪检监察部门和其他有关部门查处重大经济案件。

第四节 财经法纪审计的作用和内容

一、农村集体经济财经法纪审计作用

(一)维护国家和集体经济组织的经济利益

开展农村集体经济财经法纪审计,对所发生的贪污盗窃、索贿受贿等违法行为进行审查和处理,有利于打击集体经济领域中的违法乱纪行为,保护国家和集体财产不受侵犯,维护国家和集体经济组织的经济利益。

(二)保证各项财经法规和财经纪律的贯彻落实

开展农村集体经济财经法纪审计,有利于提高农村集体经济组织负责人、财会人员对农村财务管理等经济工作的认识和重视,增强他们贯彻和执行财经法纪的自觉性,保证各项财经法规和财经纪律的贯彻落实。

(三)促进农村基层党风廉政建设

开展农村集体经济财经法纪审计,有利于加强经营管理工作,促进农村基层廉政建设,密切党群、干群关系,维护农村社会的和谐稳定。

(四)增强农村干部的法制观念

开展农村集体经济财经法纪审计,有利于教育与帮助农村干部,增强法制观念,预防违法违纪行为,一旦发生错误,也能及时的发现和挽救。

（五）促进农村监督管理体系的进一步完善

开展农村集体经济财经法纪审计，有利于及时处理经济发展中出现的新问题、新情况，保证集体经济的健康发展，促进农村监督管理体系的进一步完善。

二、农村集体经济财经法纪审计的内容

农村集体经济财经法纪审计的内容一般有以下几个方面：截留上缴国家财政收入；弄虚作假，骗取国家拨款或补贴；玩忽职守，不负责任或官僚主义，错误决策，造成集体经济重大损失；截留、挪用、贪污、侵占、胡支乱花国家拨款或补贴；贪污、侵占、挪用、平调集体资产和集体资金；非法转让、转卖和侵吞集体资产；收入不入账，私设"账外账"或小金库；通过虚增债权的手段来虚增收入；将收入或非法收入挂在往来账上虚增债务；巧立名目，滥发奖金、补贴及实物；任意提高开支标准，扩大开支范围，挥霍浪费集体资财；擅自向农民、乡村企业乱收费、乱罚款、乱摊派，增加农民负担；未按民主程序，私下交易变卖土地；违反农业承包合同法规，侵犯农民土地承包权益；违反乡村集体所有制企业管理法规，损害集体利益；其他违反财经法纪的行为。

第五节 财经法纪审计的程序和方法

一、农村集体经济财经法纪审计的程序

（一）立案阶段

立案阶段是财经法纪审计的准备阶段。农村集体经济审计机构根据政府指令和上级主管部门的委托；或根据农民群众的举报和在审计中发现的违法违纪问题，确认属于自己职责范围内，按规定的立案手续，立为专案进行审计。

立案需办理立案手续，并设立档案。立案依据来源不同，立案的手续也不同。对于审计机构发现的案件，符合条件应批准正式立案；群众举报的案件，应分析其可靠性和真实性，并最好先派专人核实后再采取措施上报申请立案；上级机关和其他部门转来的案件，可将批示或通知作为立案依据，视同立案不再办理立案手续。

（二）查证阶段

查证阶段也叫取证阶段，是农村集体经济财经法纪审计中重点环节。查证阶段的关键是收集和整理真实有效、有充分证明力的审计证据，以查实违反财经法纪的程度。审计证据是指与所审查的案件相关的、能够说明案件事实真相的、并最后据以作出审计结论的凭证。首先，审计证据必须是已经发生的客观事实，如索贿受贿所得来的脏款、脏物，弄虚作假的账面记录等；也可以是与案件有关的人员的叙述，如有关知情者对案情的揭示等；还可以是由于违反财经法纪所产生的后果，如由于玩忽职守、严重失职造成的直接经济损失等。其次，审计证据必须与案情相关，有直接的内在因果关系或间接的佐证关系。如果所取得的审计证据与案件毫无关系，即使证据很充分、很正确，也说明不了任何问题，起不到任何作用。最后审计证据取得必须合法。审计人员须在国家法律、政策允许的范围内，按照规定的流程来取证。查证阶段的工作可细分为以下步骤：一是了解案情，掌握有关线索；二是编制工作方案，下达审计通知书；三是派员驻点，收集证据；四是整理证据。

（三）定案阶段

定案阶段也称终结阶段。当获取充分证据后，审计人员开始总结工作底稿和调查询问表，撰写审计报告，填审计情况记录卡，进入定案阶段。

1. 确定经济损失

根据案情，对可以计量的要计算所造成的经济损失；对不能计量的，要按社会危害、社会影响予以衡量。

2. 认定案件性质

根据违反财经法纪情节的严重性，对照国家有关的财经法律、法规和纪律，认定案件的性质。结案阶段的关键是定性，审计定性中应注意区分违法与违纪、罪与非罪、一般违纪与严重违纪、过失错误与不法行为的界限。

3. 划分责任

对于已造成的损失和危害，应根据具体情况落实责任。划分各责任人之间的责任，分清主要责任人和次要责任人。主要责任人是指违反财经法纪行为的主要策划者，是与案情有直接联系起主导作用的责任人员。次要责任人在整个案件中居于次要地位，对案情的发生、发展不起主导作用。

4. 撰写报告

通过汇总、整理审计工作底稿和调查询问表，案情明确，线索清晰，证据可靠，审计人员撰写审计报告书，做好结案过程的最后工作。

5. 征求意见

审计人员撰写出审计报告后,应将审计结果与被审计单位或有关责任人见面,征求意见。审计报告的处理意见可不征求意见。

6. 批准后处理

审计报告经审核批准后,审计机关就要对违反财经法纪的行为进行处理。对违反财纪法纪案件的处理,可以参照《中华人民共和国审计法》、国务院《关于违反财政法规处罚的暂行规定》和农业部《农村集体经济组织审计规定》的有关规定执行。处理的总原则是:坚持原则,分清是非,正确定性,恰当处理。

二、农村集体经济财经法纪审计的方法

农村集体经济财务审计的许多方法在财经法纪审计中照样可以运用,但农村集体经济财经法纪审计的方法适用较多的是检查、查询、函证和分析性复核。除此以外,农村集体经济财经法纪审计方法还有。

(一)走访座谈法

此方法是以被审计单位外部相关单位及相关人员为询证对象,通过座谈寻找审计线索的一种辅助审计方法。审计组进驻后,可以走访被审计单位的主管部门、干部监管部门、综合经济管理部门和业务关联单位,听取各部门、各单位从各自角度所掌握的对被审计单位的情况介绍、评价,以及对其领导人或单位存在问题线索的介绍,并查阅有关部门对被审计单位的检查和处理报告,以供审计参考,找出切入点和突破口。

(二)个别谈话法

此方法是以被审计单位内部工作人员为询证对象,通过谈话寻找审计线索的一种辅助审计方法。操作上应采取一对一的方式,以打消谈话人的思想顾虑。审计组进驻被审计单位后,采取个别谈话的方式,分别找被审计单位领导班子成员、各职能部门或主要生产经营单位负责人或部分职工谈话,了解被审计单位财政财务收支方面存在的薄弱环节和重大违纪违规问题和个人重大经济问题线索,以明确审计重点和方向。尤其要重视被审计单位纪检、监察、内审、财务、人事等部门负责人的谈话内容。

(三)跟踪决策环节审计法

被审计单位多数重大经济决策事项都要通过党组织和领导班子成员会议集体研究决定,因此跟踪查阅其会议记录(纪要)、了解决策事项,查阅收发

文本，跟踪其出台政策措施，捕捉有用信息，挖掘审计线索，是审查被审计单位重大经济决策得失的重要辅助审计方法。领导人自行决策的少数重要事项，一般会交给核心承办人去组织或承办。由于任何事项的落实，都要使用资金，所以，作为筹集和安排资金的财务负责人，一般都了解核心情况。而财务负责人出于分清责任的需要，一般都会作工作记录。因此，跟踪单位财务负责人的工作记录也是审计的一个重要方法。

（四）重要关联业务及资金追踪法

以被审计单位的资金运动轨迹为主线，在核实重要关联业务中弄清资金的运动轨迹和往来关系，跟踪发现资金上解下拨、使用管理中存在的重大违纪违规问题，是一个重要的审计方法。审计中要重点关注上级单位下拨资金或资金往来的合规、合理性，看下级单位是否按规定使用或核算。审查上级单位有无利用职权将资金多拨入下属单位、或违规将单位收入或资金转移至下属单位，将资金沉淀在下面列支不合理支出，或直接到下属单位报销费用，甚至贪污私分等。

（五）实地勘察法

该方法是审计人员深入现场实地察看，通过勘察现场情况印证账面收支状况，用以发现其中存在的问题和薄弱环节的一种审计调查方法。如查项目投资仅仅从账面把握不了全貌，只有将账面审计和现场实地勘察结合起来，才能弄清工程量有多大，是否有虚报。实地勘察法运用十分广泛，通常结合查询方法同时进行，必要时，可以取得现场照片和录像作为审计证据。

（六）综合分析法

该方法是将与被审计事项有关的各个因素相互联系起来进行分析，通过各个因素的性质分析被审计项目的性质，通过各个局部的性质分析出总体的性质，或将个别的、分散的审计证据综合起来进行分析，使审计证据形成有充分证明力的辅助审计方法。综合分析在审计人员形成审计意见时特别重要。对于审计人员来说，综合分析是对被审计单位作出正确评价的必要手段，同时也是防止发生重大失误的必要手段。该方法应用广泛，贯穿于审计的全过程。在规划阶段，通过对调查了解的情况进行分析，制定合理的审计方案；在审计实施过程中，通过对深入调查、询问获取信息的分析，确定审计的范围和审计重点。

上述审计方法要针对审计环境和审计对象的具体情况，择机而用，或独立发挥功效，或相互结合，或与传统的审计方法相结合，综合运用，发挥作用。

第十四章 计算机在线审计

第一节 用计算机审计概述

一、计算机审计与手工审计的区别和联系

随着电子计算机在农村财务管理中的广泛运用,实行会计电算化的经济组织越来越多。当会计信息系统由手工操作转变为计算机处理后,其在很多方面都发生了变化,如手工系统只要设一套会计账簿,设立会计科目,即可对原始凭证进行处理;而会计电算化系统,则要设计一套程序由机器进行处理,且在处理之前,要对内部控制、组织结构、信息处理流程及信息存储介质的变化等等非惯例的会计事项,进行周密细致的调查研究,这些变化对以审查会计资料为主要内容的审计活动产生了极大影响,审计的对象和内容也都发生了许多变化。同时对审计的方法和技术也提出了新的要求。但是,在电算化系统审计中,审计的基本目标,审计的基本工作程序和任务都没有变。审计的基本目标,仍然是检查确定会计资料和其他资料及其所反映经济活动、经营成果和财务状况的真实性、合理性、合法性、有效性和效益性。审计的基本工作任务,仍然是搜集审计证据以验证事实,将事实对照有关标准以形成结论。审计的工作程序仍然包括计划、实施与报告3个阶段,采取在内部控制评审基础上进行金额检查的方式。因此,决定了电算化系统审计的内容与对手工操作系统的审计有许多共同之处。另一方面,电算化系统毕竟在工作原理、工作内容、内部控制、组织方式和工作过程等方面与手工操作系统有很大的不同,这种差异必然要影响审计的内容。电算系统审计与手工系统的审计相比,具有以下不同的特点。

(一) 审计内容的不同

在审计内容上,不仅要审查输出的各种信息,而且还应对确保信息安全可靠的制度进行审计,对业务处理的程序进行审计,以及对计算机本身进行审计等。如对程序的审查,在手工系统下是不存在的,而且在具体检查时,

需要审阅设计的程序是否符合逻辑,能不能实现处理目标,程序中是否有内部控制措施,程序设计是否最经济合理等。

(二) 审计程序的不同

在审计程序上,一般需要经过调查了解系统概况、测试制度、编制计划、实施检查、提出报告等具体工作步骤,其中系统调查和制度的测试则是整个程序的重点。如对系统的调查,需要运用询问法、调查表法等,以获取关于电算系统的范围、内容与功能,采用的机型、辅助设备、程序语言、系统软件,系统的管理方针、机构设置、人员配备、职责分工,应用软件的设计步骤(程序流程图或框图)等方面的资料。

(三) 审计方法的不同

在审计方法上,采用电算审计方法与非电算审计方法结合使用的方法。电算审计的方法,是指对电算系统审计时利用计算机进行检查的方法;非电算审计的方法,是指不通过计算机进行检查的方法。如审阅法、流程图法、决策法等,均属非电算审计的方法,而模拟数据法、重新处理法、程序检查法等,均属电算审计的方法。由于电算系统既没有完全脱离人的干预,人为的差错舞弊仍然存在,加之机器本身也常发生差错,因此采用非电算化的方法进行审计是非常必要的,也是非常有效的。尤其是当确认电算系统存在舞弊行为时,常常不得不使用非电算化的方法。但由于电算系统的特殊性,某些问题的审查又不得不借助计算机,需要运用电算审计的方法。所以,在电算系统下的审计,在方法上是电算化的方法与非电算化的方法的结合。

(四) 内部控制功能的不同

在内部控制上,内部控制发生重大变化。会计从手工处理到电算化,在处理工具、处理流程等方面都发生了重大的变化,内部控制功能也随之发生变化。主要表现在以下3个方面:一是控制方式由手工控制变为手工控制和计算机控制相结合,部分内部控制可以由计算机自动进行;二是内部控制的对象多而且更复杂。在手工操作会计信息系统下的会计核算内部控制,是通过合理分工、明确责任、规定业务处理程序、加强业务人员之间的互相联系和互相制约以及通过凭证、账簿、报表之间的勾稽关系而形成的内部控制,它可以充分保证手工操作下会计数据处理的真实、可靠和安全。电算系统把原手工系统由不同人员执行的职责集中化后,一个人可以执行互不相容的职责。因此,审计人员对电算系统中新设计的内部控制,应进行审查和评价。例如,不相容职责的划分、口令控制的作用、控制小组的建立等,以预防和检查违章行为。除此之外，还需对计算机硬件、软件以及其他有关设备进行控制，对它们进行控制，技术性更强，要求更高。审计人员只有对被审计单位的内部控制进行全面了解和详细验证，作出确切评价，才能据以确定审计工作的范围和重点，进一步制定审计工作的计划和程序；三是内部控制的重点，由会计人员和会计业务部门转移到电子数据处理部门，数据处理集中由计算机自动生成，财会人员对交易活动的直接监督减少了，原内部控制难于适应这一变化。计算机数据处理的集中性、一贯性又使手工会计系统下的账簿控制体系失去作用。因此，在电算系统中的内部控制评审范围比较广泛，对内部控制一方面要加强，另一方面要采用新的方式。

（五）人员素质要求的不同

在人员素质上，对审计人员提出更高要求。在传统的会计核算手段和账务处理情况下，审计人员都以手工操作对其进行审计。由于由计算机处理会计数据，审计线索和内部控制等发生了很大变化，仅靠过去的传统手工审计方法已远远不能满足电子数据处理系统的审计要求。因此，在电子数据处理系统情况下，对审计人员而言，不仅要求他们具备传统手工审计方法外，还要求他们具备计算机的有关知识和电子数据处理系统审计的操作技能，对此，广大农村审计工作者应保持高度警觉，既要意识到对电算系统审计的必要性，又要不断更新自己的知识，以适应电算系统审计的需要。

二、计算机审计的内容

所谓计算机审计，就是审计人员用手工的或电算化的审计方法、技术和程序对电子数据处理系统或手工会计信息系统进行综合的审查和评价，向利害关系人提出劝告和建议，借以揭发系统弊端，提高系统的安全性、可靠性、合法合规性和工作效率的一项监督活动。

（一）内部控制的审计

对于审计人员来说，会计资料无论是进行手工操作，还是由计算机处理，内部控制都是审计人员必须关心的一个重要问题。电算系统的内部控制，主要由两部分组成。一是一般控制；二是应用控制。审计人员应对这两部分内部控制进行审查。

1. 一般控制的审查

对电算系统一般控制的审查，主要审查以下内容：一是组织与操作审查，了解被审单位的组织结构、人员分工情况，了解操作环节有无规程、计划、制度或执行标准，查阅书面订立的制度文件，实地查看业务文件编制、传递、审核、输入、输出等流程的手续是否完备；二是人员素质审查，主要审查是否有以提高人员素质为目的的控制措施，是否坚持职业道德教育制度，操作人员是否受过正规业务培训，是否定期轮换岗位等；三是硬件和系统软件控制的审查，了解用户硬件的运行环境，检查使用记录和报告，硬件和系统软件在投入使用前是否进行了功能性与可靠性检验。在审计过程中，应审阅硬件和系统软件投入使用前的有关测试或检验记录，查阅产品说明书，了解设备是否具备应有的自控制功能；四是系统安全性控制的审查。权限控制是系统安全控制的重要环节，它往往与组织分工的检查评价结合进行。审计人员可以向有关人员调查，也可以进行现场观察。例如，审计人员可以实施检查机房的保安设备与工作制度，检查防范计算机病毒的工作制度和具体措施，检查系统密码的分配、级别及改变情况等等。

2. 应用控制的审查

对应用控制的审查主要审查以下内容：一是输入控制的审查，主要指输入信息的审批制度、输入方法、输入控制环境等的审查；二是处理控制的审查，主要指系统间核对控制测试、数据可靠性检查等；三是输出控制的审查，主要审查输出资料的处理情况，有无检查、保管和分送制度，有无输出资料的核对制度，审查纠正错误和重要处理的手续是否完备等。

（二）**数据资料的审计**

对电算系统进行审计，一方面是对数据资料进行实质性测试，即对各会计账户余额、发生额直接进行检查，同时对会计数据进行分析审核。另一方面通过对电子数据处理系统的审计，测试一般控制和应用控制措施的符合性。对计算机磁性介质存储的数据文件，因其审计难度相对较大，一般采用计算机审计软件对这些数据文件进行测试和检查。

（三）**系统的审计**

电算系统利用程序进行会计业务的处理，所以应用程序本身的正确性对整个系统的正确性起关键的作用，如果程序本身存在问题，那其他控制措施都失去了意义，所以对系统程序的审计是相当重要的，但具有一定的难度，可以聘请计算机专业人员和审计人员一起开展工作。

1. 检查系统是否通过鉴定

主要检查系统是否通过上级主管部门和科研技术机构组合通过的鉴定，查看鉴定的结果及系统的档次级别等。

2. 对系统开发的审计

系统开发的过程、方法等直接影响系统程序的正确性、有效性。例如，系统设计者可能将一些不符合会计原则的会计处理规则编入了应用程序，使系统所产生和提供的信息不符合会计原则。所以对系统程序进行审计可以从对系统开发的审计入手。系统开发审计是指审计人员对电子数据处理系统开发过程中各项活动及由此产生的系统文档所进行的审核与评价。在系统开发过程中进行的审计是事前审计。审计人员要参与系统分析、设计、调试、运行与维护等。在审计过程中，审计人员一方面要检查系统的开发活动是否可行与恰当，系统的开发方法是否科学先进和合理，另一方面还要检查开发过程中是否产生了必要的审计线索，以及这些审计线索是否规范。系统开发过程结束后进行系统开发审计是事后审计，是评价系统内部控制是否可靠的重要方面。

3. 对系统应用程序的审计

对系统应用程序的审计：一是要对嵌入应用程序中的控制措施进行测试，视其是否按设计要求在系统运行中起作用，即测试应用控制系统的符合性；二是通过检查程序运算逻辑的正确性达到实质性测试的目的。在审计时，可以采用下面的方法：阅读原系统设计的作用范围，注意数据共享的分配方式和传递路线；阅读程序一览表和变更情况及程序情况图；设计验证数据，可以是真实的数据，也可以是模拟的数据；用专门的审计程序取代被审程序，数据仍用被审计数据，观察结果是否一致。

第二节　用计算机审计的程序

计算机审计中的基本程序和手工系统审计程序一样，都是由准备阶段、实施阶段、终结阶段组成。但由于其审计的工作原理和工作方法有所不同，其具体的操作程序也有所不同。计算机审计的具体操作程序主要由以下几个方面体现出来。

一、计算机审计准备阶段

准备阶段是指从接受审计任务开始，到制定出审计实施方案，发出审计通知书为止的过程。具体操作如下。

(一) 初步调查

主要调查内容包括：电算系统的硬件、软件配置情况；系统总体结构、功能模块划分及各模块之间的关系；系统人员的配备，职责分工，相关规章制度及业务流程；初步评价内部控制制度的执行情况。

(二) 组织计算机审计小组

根据被审计单位电算系统的复杂程度、审计任务的难度及审计人员的素质选择适当的审计人员组成计算机审计小组，并指定较有经验的审计人员担任组长。

(三) 进一步调查研究，掌握情况

计算机审计小组成立后，应进一步调查被审单位的具体情况，为编制审计计划打好基础。需进一步调查的内容包括：调查被审单位的业务完成情况；调查系统的业务完成过程，如哪些工作由手工完成，哪些工作由计算机完成，数据是如何收集、输入、处理和输出的；调查系统的内部控制制度，确定审查的重点和范围。

(四) 编制审计计划

通过调查，由审计小组人员充分讨论，由审计组长起草审计计划。

(五) 下达审计通知书

二、计算机审计的实施阶段

实施阶段是从计算机审计人员到被审单位开始工作，到问题基本查清、落实，取得证明材料，整理工作底稿完毕的一个过程。主要的工作程序如下。

(一) 调查审查范围

详细调查应审查的范围或系统，和被审计单位领导商讨和检查有关的规章制度，检查相关资料，对所了解到的各个系统进行分析。

(二) 检查测试

对计算机系统进行检查和测试包括：一是检查电算化系统的输入环节，数据是否真实、完整、正确、可靠，有无必要的校验措施；二是检查电算化系统的处理环节，数据的来源是否正确，处理的逻辑是否正确、有效，处理的结果是否符合要求；三是检查电算化系统的输出环节，输出的内容是否正确，形式是否满足要求；输出信息的传送是否有必要的控制措施；四是检查电算化系统的整体安全性、可靠性；五是利用计算机辅助的主方参与对数据

和程序文件的审计。

（三）收集各种审计证据

（四）作出审计评价

（五）整理审计工作底稿

三、计算机审计的终结阶段

计算机审计的终结阶段，是指审计小组结束实施阶段工作，向审计机构或委托单位报送审查结果的过程。其主要工作程序如下。

（一）整理、评价收集的审计证据

审计人员通过分类、计算、比较、综合等方法整理、分析审计证据。

（二）复核审计工作底稿

通过对审计工作底稿的复核，检查所引用的有关资料是否详实可靠，所获取的审计证据是否充分适当，审计判断是否合理，审计结论是否恰当。

（三）编写审计报告

审计人员必须正确运用职业判断、综合收集的审计证据，根据各类相关审计依据，形成正确的审计意见，出具审计报告。审计报告除了要对被审单位财务报表编制的合法性、公允性，会计处理方法一致性发表审计意见外，还应对被审单位计算机会计信息系统的内部控制和处理功能进行评价，如果需要，还应提出改进建议。

（四）提供审计报告

向审计机构或委托单位提供审计报告。

第三节　用计算机审计的方法

计算机审计方法主要是指在电算化系统审计中利用计算机进行辅助审计的方法。如模拟数据法、重新处理法和程序检查法等。在电算化系统审计中，传统的方法，如普查与抽查，顺查与逆查，仍然是重要的内容。实践中经常采用的审计方式主要有以下几种。

一、人工检查法

人工检查法是指要求被审单位将需要检查的文件、资料和凭证完全以书面的形式提供给审计人员，审计人员仍然按照传统的方法进行验证、核对、复算、追查、分析与调节等项检查。例如，检查固定资产期末余额的正确性，就要求将固定资产账簿记录全部打印出来，并要求提供本期固定资产增减变动的原始数据。根据这些资料以及固定资产盘点结果，审计人员就可以采用传统的方法进行审核检查。此方法又称绕过计算机审计法（俗称"黑盒法"），它是将电算化系统中的计算机系统作为一个黑盒来看待，无需对计算机系统的处理过程加以详细了解，只是对计算机的输入和输出资料加以检查和核对，借以确定关于系统内部控制状况和输出结果正确性的一种方法。

绕过计算机审计方法依赖于下列的假定：若系统的输入、输出是正确的，则可以认为数据处理的过程也是正确的。因此，审计人员可以绕过计算机，在不知道计算机数据处理具体内容和方法的前提下，通过检查肉眼可见的输入输出文件形成判断或结论。如果输入是正确的，输出是错误的，则可以肯定计算机处理过程存在问题。使用绕过计算机方法进行审计测试，工作的重点在于检查核对，以验证输出结果的正确性。

绕过计算机审计方法的使用以下列条件存在为前提：一是电算系统输出的资料与原始资料核对比较容易。审计线索完整、可见，所有的业务均保留原始凭证，并在有关的输出账簿中留有详细的记录；二是会计信息系统对计算机的依赖性不强。也就是被审单位虽有电算系统，但是大部分资料和业务仍由手工处理，对计算机的处理依赖性不大；三是审计人员可以得到完整的系统文档。否则的话，审计人员对系统的处理与控制功能一无所知，审计证据缺乏证明力；四是系统使用的软件被广泛使用，并经过严格测试。在这种情况下，系统的功能一般较为齐全、可靠，审计人员不直接对计算机系统内部进行检查，一般也不会遗漏重大的控制弱点。

绕过计算机审计的主要优点是，审计人员即使不懂得电子计算机知识，不了解被审单位电算化系统具体情况，同样可以进行审计测试，是实践中使用较为普遍的一种方法。但是，使用绕过计算机方法也存在着明显的缺点。具体表现在：一是用手工方式验证输出结果耗费时间很多；二是输出结果中如果发现错误，往往无法断定其产生的原因。因为导致计算机数据处理过程出现错误的因素很多，既可能是操作人员的失误，也可能是计算机硬件或软件中的问题。由于审计人员对处理过程和程序化控制情况无从判断，它将影响审计结论或建议的质量；三是适用范围狭窄，该种方法只适合于把计算机仅仅作为一个大计算器使用的情况。因为只有在这种情况下，计算机输入输出的关系才较为简单、直接，手工系统下的肉眼可见文件及审计线索大部分仍然保留。在实践中，经常出现这样的情况，审计人员发现输出有错误，只能接受被审单位的解释而无法辨认其真假。被审单位无法解释或解释不清时也无能为力。

二、重新处理法

重新处理法是指通过业务处理的重新操作来检查电算系统是否可靠的方法，有监督处理和换机处理两种方法。

（一）监督处理

监督处理是指审计人员监督电算系统操作员重新操作处理业务，以检查系统是否可靠的方法。其基本做法是：先取得原处理中所使用的程序、操作规程及原始数据；由审计人员在现场直接监督下重新操作，并输出重新处理的结果；比较重新处理结果与原操作结果，判明系统是否可靠。如果两次操作的结果完全一致，说明操作系统是可靠的，但整个系统有无问题，还需作进一步检查；如果两次操作的结果不一致，说明操作系统不可靠，这时应重点检查两次操作所使用的规程、处理程序和原始数据等是否相同，如果电算系统设有双重记录装置，则应打印处理程序调阅操作规程，通过审核检查程序，询问系统设计员与程序操作员等，来达到目的。监督处理法主要用于检查系统的操作有无发生违反操作规程的不正常现象而导致系统处理结果不正确的情况。该方法不需要审计人员具备高深的计算机知识，但特别强调要求使用的计算机硬件、处理程序、操作规程、原始数据等，必须与原来的完全相同，否则，重新处理就毫无意义和作用。

（二）换机处理

换机处理是指通过调换计算机硬件后进行再次处理，以检查电算系统可靠性的方法。模拟数据、监督处理等方法都是在被审单位原有的计算机上进行的，因此，要保证检查结果可靠，首先要求计算机本身安全可靠。但计算机本身以及系统软件不能正常运行的情况时有发生，因此在对电算系统进行审计时，有必要审查机器本身是否安全可靠。而这一任务多数是通过调换计算机硬件后完成的。换机处理的基本做法是：先获取被审单位的原有处理程序、原使用的操作规程、原来的各种业务数据、机器型号等资料；再取得型号相同的计算机，将原来的业务数据，用原有的处理程序和操作规程，由取得的同型号的计算机计算重新处理；比较换机处理的结果与原来的处理结果，判明机器是否可靠，若二者相符，说明机器本身可靠，否则，机器本身有问题。

三、模拟数据法

模拟数据法是采用计算机审计测试技术的一种方法。主要是采用专门的技术通过计算机进行审计测试。在实践中是指审计人员通过设计一套假设的经济业务数据来检查电算系统是否可靠的方法。该方法实际上是一种典型的人机结合的方法，其基本做法是：先设计一套假设的经济业务数据（即模拟数据）；对假设业务进行手工处理，获得有关结果；将假设的业务数据输入计算机，按原使用的处理程序如操作程序，在审计人员的监督下进行处理，并输出有关结果；比较手工处理结果与机器处理结果，并据此判明电算系统是否可靠。为了获得比较满意的测试结果，有时也可将设计的假设业务数据混在真实数据中测试，这样可以有效防止因被审单位调换处理程序而出现失真，从而可以更有效地判明系统的可靠程度。但这样做有时也会干扰电算系统的正常工作。

运用模拟数据法不要求审计人员具备高深的计算机知识，且对于电算系统的内部控制制度的检查相当有效。但是，设计一套假设的经济业务数据是比较困难的，而且在操作时必须使用原来的程序和操作规程，如果混用程序，则测试检查将毫无意义。因此要求审计人员在具体测试时，必须检查处理程序与原来的程序是否一致，具体操作与原操作规程是否一致。

运用模拟数据法的关键，是设计合理的假设业务数据。为此，要求做到假设的业务数据必须与原来的控制内容完全相同，否则，将影响对测试结果作出正确判断；假设业务数据涉及的范围必须全面，能够测试到控制功能的各个方面，且最好假设正常的与非正常的两套数据；假设的业务数据必须加上特殊的标记，以便在审查完毕以后识别和剔除；如将假设数据混在真实数据中进行测试，这一点更应注意；假设的业务数据要符合精简原则，又能保证需要。

四、程序检查法

程序检查法又称审计软件检查。指利用根据审计目的要求而编制的审计软件进行数据审核检查。审计软件是为执行一定的审计电子数据处理功能而设计的计算机程序。利用审计软件进行审核，无需将存贮在磁性介质上的数据文件打印出来，也不需要进行繁琐的人工复算、核对之类的工作。审计软件的使用有两种方法，一种是将被审单位有关的数据文件拷贝到审计人员的计算机磁盘中，然后对会计数据核对检查，并打印输出异常情况一览表。另一种方法是将审计软件嵌入到被审单位的电算化系统中，它在日常数据处理过程中进行同步检查，将出现的异常情况作出特殊标记，或者存入一个专门的文件，期末检查时打印输出异常情况一览表，并根据不同情况作进一步的检查处理。现阶段，很多农经软件应用系统就属于此类。该方法的主要优点是提高了审核工作的效率，减少了许多手工劳动。同时，根据计算机数据处理能力强的特点，还可以进行许多较为复杂的分析性评审（如回归分析），审核工作的质量也可以进一步的改善。使用该方法的先决条件，是开发出合理适用的审计软件。

利用审计软件辅助审计，能够使审计人员直接访问以机读形式存储的数据，且能访问到较其他方法更多的数据；利用审计软件可以完成多种审计功能；如果被审单位电算化程度较高，使用审计软件（尤其是通用审计软件）常可以节约审计时间，降低审计费用。同时，使用审计软件又不要求审计人员具有高深的计算机知识。审计软件的出现不仅为电算化系统审计工作提供一条新的途径，而且以其操作方便、功能多样等优点大大减轻了审计人员的工作负荷，它代表着审计工作的未来。

审计软件通常有两个缺陷：一是由于审计软件不直接检查应用程序，因此，它不能取代通过计算机审计方法。审计软件的作用一般表现于实质性测试中。二是有些审计软件只能适用于特定的文件组织形式和计算机硬件，因此其适用范围受到一定限制。

电算化系统数据文件的实质性测试中，搜集审计证据依然是一项核心工作。为此，审计人员一方面要作好审计工作记录，另一方面对发现的问题，一定要搜集到原始凭据，对计算机打印出来的文件，要取得有关人员的签字。如果证据中涉及某些计算机处理技术问题，应注释说明。

五、电算化审计中应注意的几个问题

在电算化审计活动中，除对时间、人员及任务分配等方面作出安排外，还应对下述几个方面的特殊要求进行专门研究，作出合理安排。

（一）电算系统审计的范围

目前，我国大多数经济组织都没有达到完全的会计电算化和数据处理电算化。因此，审计工作人员往往面临的是手工操作和电子计算机处理相互交织的局面。有必要确定哪些业务需使用电算系统审计方法，并确定不同操作方式衔接之处的检查方式。

(二) 统一协调安排

对进行通过计算机审计的各种测试时间、范围，在编制计划中需要协调安排。

(三) 电子计算机辅助审计技术的使用

在对电算化系统的审计检查中，需要利用计算机辅助审计，通常把各种利用计算机进行审计的技术统称为电子计算机辅助审计技术。为此，需要事先确定配备哪些电子计算机，编制哪些测试数据，占用被审单位的时间等项安排。在一些复杂系统的审计中，需要对利用电子计算机辅助审计技术作专门的可行性研究。

(四) 计算机专家的利用与分配

由于电算化系统是一个技术性能较为复杂的工作系统，审计人员未必能通晓其全部技术问题。因而在某些情况下存在着聘用计算机专家的需要。在计划安排中，应对需要什么样的计算机专家、什么时候需要、对专家的工作有什么样的要求之类的问题作出明确地规定。在审计人员与计算机专家之间，审计人员处于积极、主导的地位，并对全部工作结果负责。

(五) 电算系统审计报告的要求

电算系统审计报告的撰写过程和要求与一般审计报告相同。需要注意的问题是电算系统审计报告中涉及许多技术问题，撰写中特别要注意尽量作到通俗易懂。需要撰写的报告有两个。一个是写给被审单位有关负责人（主要电算化系统负责人），说明审计中所发现的问题及改进的建议，它属于非正式报告，另一个报告是写给审计项目负责人，内容应较为详细，既要报告发现的问题及有关的证据，也要说明检查的范围和方法，对问题的性质及处理意见要提出建议。

第十五章　审计报告和审计档案

第一节　审计报告

审计报告是审计人员在完成一项审计工作后，就审计任务的完成情况和审计结果向所属的审计机关写出的书面汇报。审计报告在审计工作中具有十分重要的作用，它是审计人员传达审计结果的书面答复，是审计机构做出审计结论和审计决定的依据，也是表明审计人员完成审计任务的总结报告。对被审计单位来说，是一份指导性文件，便于被审计单位纠错防弊，改善管理，提高经济效益；同时也是重要的历史档案材料。审计报告应由审计小组编写，并征求被审计单位的意见，然后报送所属的审计机关。审计机关据此做出审计结论和决定，通知被审计单位和有关部门执行。

一、审计报告的特点

（一）真实性

审计报告的内容，要如实反映审计工作的情况，即如实地反映被审计单位的情况、问题，各项事实要详细查证，取得确凿的证据。全面、真实地反映客观事实，不要扩大缩小，不能主观臆断或推测，更不能无中生有，加油添醋。

（二）公证性

报告内容，要在弄清事实的基础上根据有关法律、法规和政策进行衡量判断，本着实事求是的原则做出结论，提出处理意见。不能感情用事、夹杂任何私情。

（三）严肃性

审计报告不同于一般的工作报告，它不仅要指出审计事项中的问题，而且还要依法提出处理意见。有些处理意见涉及对被审计单位和有关人员处罚，因此审计报告必须认真研究，十分慎重，斟酌字句，毫不马虎。

(四) 建设性

审计具有制约和促进两方面的作用。审计报告在揭露和处理问题的同时，要针对被审计单位的情况和存在的问题，分析原因，积极认真地提出改进建议，促进被审计单位纠正问题堵塞漏洞，改善管理，提高经济效益。

二、审计报告的作用

(一) 审计报告是对审计事项做出结论和决定的依据

对审计事项实施检查与定性处理是审计工作的两个阶段，而审计报告与审计结论和决定，是两个阶段结果的反映。两者既有区别，又有联系。审计报告不仅反映对审计事项的检查情况，而且要对检查中发现的问题提出初步的处理意见和建议，其目的就是为定性处理提供依据。

(二) 审计报告是审计职能作用的体现

审计报告既对被审计单位有制约和促进作用，同时通过综合研究分析问题，提出处理意见和建议，对被审计单位改进工作起指导和帮助作用。

(三) 审计报告是考查审计人员工作绩效的依据

审计报告综合反映了审计人员工作成果。审计机关对审计报告的审定，也是对审计人员工作业绩的考核。据此既可以发现人才，也可以促使审计人员不断加强自身修养，努力提高工作质量。

(四) 审计报告是后续审计的基础

审计报告是对审计工作真实、全面的记录，妥善保存可以为后续审计提供系统的资料。

三、审计报告的种类

审计报告按不同的划分标准有不同的种类。而不同种类的审计，对报告的内容又有不同的要求，这里仅介绍几种常见的分类方法。

(一) 按审计报告的内容和目的分类

审计报告可以分为财政财务审计报告、财经法纪审计报告和经济效益审计报告。财政财务审计报告是对被审计单位财政财务收支活动进行审计所编制的审计报告，适用于对企业、行政事业等单位财政财务收支的审计项目。财经法纪审计报告一般是专案审计报告，是对被审计单位的某一严重违反财经纪律的行为做出评价，提出审计意见的报告，适用于严重违反财经法纪的专项审计事项。经济效益审计报告是对被审计单位经济效益实现程度和途径审计后提出的审计报告，适用于审查和评价经济效益高低的审计事项。

(二) 按审计报告内容详略程度分类

审计报告可以分为简式审计报告和详式审计报告。简式审计报告又称短式审计报告，是简单地说明审计范围、审计意见以及例外事项的审计报告。这种审计报告简明扼要，具有标准格式，适用于公布目的、内容比较简单的审计事项。详式审计报告又称长式审计报告，是对审查的事项和结果都要进行详细叙述、分析、评价，并提出改进意见的审计报告，适用于审计范围广、内容多的审计项目。

(三) 其他一些审计报告的分类

另外，审计报告按主体划分，可以划分为政府审计报告、社会审计报告、内部审计报告；按审计部门划分，可以划分为财政审计报告，工业、交通审计报告，农村集体经济审计报告等；按审计委托人划分，可以划分为审计查证报告、审计鉴定报告、审计咨询报告，其中审计查证报告，主要包括清查账目、验资年检、清理债券、经济责任审计等项目；审计鉴定报告，主要适用于司法、行政部门委托的经济纠纷、经济犯罪案件等审计项目；咨询报告，适用于向部门、单位或个人提供的经济咨询、审计、会计服务等项目。

四、审计报告的内容

审计报告的种类不同，其结构和基本内容也各有所异。总的来说，审计报告的内容包括基本情况、查证事项、评价、处理意见和改进建议等几个部分。

基本情况部分是对审计情况的概括性叙述，其内容一般包括3个方面：一是审计工作的目的、依据、内容、范围、重点和采取的审计方式，以及审议人员的组成情况、审计的起止时间；二是被审计单位或事项的经济性质、隶属关系、内部机构、经营规模、经营状况、主要经济技术指标完成情况、财务管理及内部控制形式等；三是审计目的实现的程度。这部分的内容是报告全文的前言，要叙述得简明、概括、精确，重点突出。

审计查证事项部分对审计检查的有关问题的详细介绍。主要内容有：一是审计事实，要提出成绩，揭露问题；二是引证用以判断存在问题的法律、法规；三是分析问题产生的原因，这部分内容是审计报告的主体，突出的特点是论述性强。写作时，要事实详细、清楚，证据确凿、充分，定性确定，归类科学，主次分明；引据的法律、法规、政策条文恰当，产生的主客观原因与责任介绍清楚。

评价部分是对被审计单位经济活动的评价。评价必须以事实和数据为依据。评价的字数不多，但分盘很重。在评价中既要肯定成绩又要指出问题。正反两方面的评价都要用事实与数字说话，用事实说明行为，用数字说明行为的程度。如评价一个企业在改革中采取了一系列行之有效的措施，从而大大提高了经济效益。经济效益提高到什么程度，必须用数字说明，如资金利润率、劳动生产率、流动资金周转率、优质产品率等或者用比较的数字，与上期比、与历史比、与同行业单位比等，才能说明其成绩的大小。

处理意见部分是审计人员针对揭露出的错弊，提出如何处理的建议性意见。提出处理意见时须持慎重的态度和全面的观点，既要坚持原则性，又要有灵活性。对那些严重违反财经纪律和严重损害国家或集体利益的问题，均应严肃处理；对于缺乏经验或政策界线不清而发生的问题，应批评教育，帮助纠正改进。

提出改进建议部分提出的改进建议针对性要强，要与产生的原因相呼应，如果提出的改进意见太空洞、离题远，就起不到对被审计单位的促进作用，建议包括2个方面：一是对突出成绩加以总结推广的建议；二是改进工作防止再发生错弊的建议。农村集体经济审计要把这部分列入审计报告的重点，这是帮助被审计单位提高经济效益的关键环节。下面，就简式和详式审计报告的基本内容作一简要介绍。

（一）简式审计报告的内容

1. 标题

一般规范为"关于×××审计报告"。

2. 收件人

审计报告的委托人，如"×××村集体经济组织"。

3. 范围段

应当说明时间范围、义务范围、审计依据、会计责任与审计责任、已实施的审计程序等。

4. 意见段

被审计事项是否符合财务会计制度法规的规定，是否公允地反映了被审计单位的情况，会计方法的采用是否遵循了一贯性原则。

5. 签字与地址

审计报告应由审计人员签名、签章，加盖审计机构公章，并注明审计机构地址。

6. 报告日期

审计完成外勤工作的日期。

(二) 详式审计报告的内容

详式审计报告无标准固定的形式，一般包括文字部分、报表部分和其他部分。文字部分是主体，应包括以下几项内容。

1. 标题

如"关于×××村集体经济组织2017年财务收支状况的审计报告"。

2. 审计概况

主要说明审计依据、审计的种类及目的、审计的对象和范围、被审计单位的基本情况，如被审计单位的性质、隶属关系、组织结构设置、资产及经营情况等。

3. 审计中发现的问题

这一部分是审计报告中最重要的部分，包括两个方面，即正面问题和反面问题。正面问题主要指工作中的成绩，反面问题则是指发现的错误和弊端。写入审计报告的成绩要给予充分的肯定，错弊要按问题的性质进行归类，按问题的重要程度进行编排，说明问题产生的原因，明确责任部门和责任人。

4. 审计意见和建议

审计意见是对存在问题提出的处理意见，处理意见定性要准确，处理要恰当。审计意见是针对被审计单位存在的各种问题提出切实可行的建议，以便达到改善经营管理，提高经济效益等目的。

5. 审计人员的签名及盖章

审计报告最后必须有审计人员的签名及盖章。

6. 附件

即将审计报告所必需的证据资料附于审计报告的后面。在选用材料时，注意针对性及重要性。

五、审计报告的编写步骤

(一) 整理和分析审计工作底稿

在审计过程中，审计人员积累了大量的审计资料，尽管这些资料是撰写审计报告重要的依据，但不可能也不必要全部写入报告。在编写审计报告时，审计人员应该进行认真精选、整理、分析工作，把那些有价值的、重要的审计资料挑选出来，作为编写审计报告的基础。挑选时应注意分清现象资料和本质资料；舍去无关紧要的资料；选择具有代表性的典型资料，如金额大的、问题性质严重的、手段行为恶劣的证明资料。

（二）核对查实资料和证据

凡是准备写入审计报告的资料证据，都应进一步复查核实。主要查对核实审计资料证据的可靠性、充分性和正确性。核实后发现资料不足、证据不够充分，要马上组织补证。

（三）拟定审计报告提纲

审计报告提纲是根据分析整理后的资料拟定的，通常由小组集体讨论而成。主要包括报告的组成部分，反映哪些问题，采用哪些证据，怎样编写等。

（四）撰写审计报告

审计报告的编写，可以一人执笔，也可以分工编写。初稿完成后，由审计小组集体讨论，审计组组长定稿。

（五）征求被审计单位意见

审计组编写的审计报告，在报送之前，应当征求被审计单位意见。审计人员对被审计单位的意见应认真分析研究，认为事实不清或有出入的，应进一步核实，对审计结果或意见有异议的，正确合理的意见应采纳并修改补充审计报告。审计报告征求意见后，由审计小组负责人签字，报送委托单位。

六、审计报告的体裁

审计报告的体裁，也就是审计报告的编写形式，主要有以下几种。

（一）叙述式审计报告

一般审计报告大都采用这种形式。它要用文字叙述形式反映审计的全部过程和事实，报告可分为若干部分，每个部分均有小标题，以反映每一类的情况和问题。这种报告反映情况详细，主要适用于情况复杂的审计项目。

（二）条文式审计报告

又称为条目式审计报告。这种形式适用于情况不太复杂的审计项目。它主要是将被审单位的基本情况、审计过程、发现的问题、审计结论等归纳为若干条，依次叙述，眉目清楚，层次分明。

（三）表格式审计报告

将审计的结果填写在事先设计好的表格栏目内，审计情况和问题一目了然。这种审计报告形式,主要用于定期报送审计。如乡镇经管站对村级集体经济组织的日常财务收支审计,大多采用表格式。

(四)综合式审计报告

这种体裁采用文字和图标相结合的形式,全面地反映被审单位的情况和审查出主要问题及其证据。这种形式综合了上述几种形式的优点、适用性强,在财经法纪审计和乡镇企业效益审计中,大多采用这种体裁。

附:

关于和平乡胜利村财务收支情况的审计报告

胜利乡政府:

我们按照县领导的批示精神,县农经站组成三人审计组,于2018年5月8日至6月10日,对胜利村2017年度的财务收支进行了实地审计。现将审计结果报告如下:

(一)基本情况

胜利村下属5个村民小组,116户,564人,143亩耕地。现有村干部7人,村内无集体企业,村里经费开支主要是土地发包收入和接受财政补助资金收入。2017年总收入154 000元,总支出136 000元,结余18 000元。

(二)审计出的主要问题

1.财务制度不健全

该村账目混乱,账据不符,收支单据无人审批,外来发票中有的无经手人,自制单据中白条较多。2017年公款吃喝3 640元。

2.重报、虚列开支。

(1)村支书王××10月23日重报招待费345元。

(2)村会计赵××虚报办公用品采购费537元。

3.收入不入账

2017年收入不入账共计二笔5 490元。

(1)7月10日村支书王××收回村属门面房第二季度租金3 000元未交村会计入账。

(2)村支书王××11月9日收取村民张××机动地承包款2 490元未交村会计入账。

4.虚报冒领现金

村支书王××5月20日通过转账还信用社贷款一笔,本金1 000元,利息87元,共计1 087元。而王××又用此单据作为现金支出与会计结账,形成虚报冒领公款。

(三)审计意见及建议

1.建议该村按照2004年财政部颁发的《村集体经济组织会计制度》设置账簿,建立健全各项财务管理制度,并严格执行。

2. 健全钱、账分管和单据开支审批制度,严格控制招待费支出。

3. 对重报、冒领支出应如数退还。

以上意见,建议乡政府派人抓紧处理。

五成县农经站
2018年6月15日

第二节 审计整改和审计成果运用

一、审计整改

审计组在出具审计报告后,应抓紧督促被审计单位及时整改有关问题,并在被审单位收到审计报告之日起2个月内完成整改回访记录。

二、审计成果应用

审计成果是审计机构、审计人员在依法履行职责过程中形成的工作结晶,也是反映审计工作成效的具体表现。如何让这些审计成果发挥应有的作用,提高审计成果利用水平,是当前审计部门必须面对和迫切需要解决的问题。

(一)实施审计公告

实施审计公告制度,是强化民主管理、实行民主监督的一种形式。通过审计公告,可以让农民群众更加清晰地了解本村集体经济运行情况及村级经营管理中存在的问题,既能维护村集体经济组织和农民自身的权益,又可以对审计问题的整改落实起监督作用。公告的内容为:基本情况、审计发现的主要问题、审计处理情况及建议、审计发现问题的整改情况。公告的形式为:一是在农村财务公开栏中予以公告;二是在村民(社员)代表大会、党员会议、村(社)监委(民主理财小组)会议上予以通报;三是根据各村自身情况,以印发资料、网络媒体、手机短信、触摸屏查询等方式予以公告。

(二)强化审计整改

审计整改是审计工作不可缺少的组成部分,通过抓好审计整改,促使被审计单位建章立制,加强管理,预防违规问题的发生。一是要加强沟通,把审计发现的问题及时向县农经管理部门进行反馈,使他们能够有的放矢地进行监督；二是要加强协作，对违纪、违规问题和发现的有关案件线索要及时与纪检、监察等部门联系，争取他们的重视和支持，促进审计整改工作的落实；三是强化考核。将审计整改作为重要考核内容列入农村集体和主职干部考核范围。

（三）提炼审计成果

加强审计成果综合分析研究，对审计成果进行加工提炼，是实现审计成果最大效应的有效手段。主要表现形式有：一是领导批示；二是审计专报；三是审计信息；四是查处违规违纪问题；五是发现和移送有关案件线索；六是促进有关规章和制度的制订、完善和出台，以规范农村经济管理；七是审计技术方法创新；八是其他。

第三节　审计档案

一、审计档案的作用

审计档案是审计机构和人员，在审计活动中直接形成的，具有保存价值的各种形式的历史记录，按一定的要求归类、装订、立卷的文件总称。主要包括：审计决定、审计报告、审计工作底稿、各种审计证据、审计工作方案、审计通知书等，以及在审计活动中形成的电报、报表、信函、凭证、笔录、照片、音像磁带、电子磁盘、录像磁盘、电子数据等。审计档案是审计监督活动的真实记录，包含了审计工作的所有重要资料，可在审计工作结束后，提供调查了解的证据，供有关部门了解审计案情，查找有关材料、证据。它是审计工作的成果和结晶，是宝贵的信息资料，是研究审计发展的重要资料。审计档案是一种专业档案，它反映着审计活动的全过程，是审计工作成果完整、系统、全面的总结。它除了具有其他档案共性的作用外，还具有审计方面的特殊作用。

（一）确定工作责任

审计档案中每个审计案卷的资料，反映着审计人员的工作实况，用来评估审计人员的工作质量，作为审计工作考核的依据。尤其是审计委托人对审计报告有争议，被审人申请复审时，审计档案为有关单位和有关人员了解审计案情提供查考资料，作为确定问题和责任的依据。

(二) 为审计理论研究提供素材

审计理论来源于实践，目前仍有许多理论问题需要研究解决，审计档案中丰富的实践资料是进行审计理论研究和学术探讨的重要素材。特别是村集体经济组织审计更是一个新课题，一切都要从头做起。实践出真知，理论是实践的高度总结，审计档案对进行审计学术研究和审计理论形成具有重要意义。

(三) 便于继续审计

审计工作要定期化、经常化，以更好地督促被审单位做好工作。审计档案为继续审计提供了大量的宝贵经验，使审计人员少走弯路，减少审计工作量，提高审计效率。

二、审计档案的立卷原则和质量要求

(一) 审计档案立卷的原则

1. 集中统一管理的原则

审计档案要在规定的时间移交给档案管理人员统一管理，不得存放在非审计档案管理部门或个人手中。各审计机构都要配备专职或兼职的档案管理人员，建立起档案管理责任制，集中管理审计档案。档案要长期保存，不得丢失、毁损，要保证审计档案的完整、系统、安全和便于利用。

2. 坚持谁审计谁立卷的原则

立卷归档工作应列入审计计划，建立立卷归档工作责任制，由审计组指定专人负责文件材料的收集、整理和立卷工作，做到边审计、边收集整理，审结卷成，及时归档。

3. 坚持审计监督和行政管理两类文件材料分开立卷的原则

准确划分两者的界限以保证审计档案的系统性和完整性。

(二) 审计档案的质量要求

审计档案案卷质量的基本要求是"完整"和"精炼"。所谓完整，就是每一年度进行审计工作形成的文字材料，均应收集齐全；每一审计项目所形成的文字材料，做为一个单元收集、整理、保存；每一案卷内的主件、附件、参考材料等，均应收集齐全。所谓精炼，就是按职能分类，防止审计监督和行政管理两类文件混合立卷和重复立卷；对审计证明材料，应以审计报告所列问题的需要为标准，区分经过核实和未经过核实、己用做证据和未用做证据，分别加以取舍。与审计报告所列时间无关或未经过核实的材料均不入正式案卷；对各种审计文书的历次修改稿，除有重要内容的修改稿应归入正式案卷外，一般修改稿不必归档。

三、审计档案的收集整理

（一）审计档案的收集范围

凡记录和反映审计机构在实施项目审计或专项审计调查中，直接形成的文件、笔录、证据、电报、信函的原件和必需的复制件、照片、声像磁带，以及与项目审计或审计调查有关的其他文件材料均为审计档案的收集范围。

审计档案的具体内容范围：经审计机构负责人批准的审计任务书；上级领导对审计事项的批示、讲话和批复等；审计通知书；审计计划、审计工作方案和审计人员名单；被审计单位介绍情况的记录；有关当事人、旁证人提供的证明材料；审计工作底稿、审计报告及被审计单位对审计报告的书面意见；审计结论及处理决定，讨论处理决定的会议记录；被审计单位执行审计决定的情况；被审计单位的申述、复审报告和决定以及后续审计的资料；审计调查报告及有关材料、各种取证材料；罚款、没收款、扣缴款、停业拨款、冻结银行存款、封存账册等文书及回执；群众来信或来访记录；其他有关文件、材料等。

（二）审计案卷的整理规则

审计档案立卷时，先划清审计监督和行政管理所形成的两种不同文件材料的界限，分别按各自的要求立卷。遇到两类文件材料相互交叉或难以区分时，应根据完整精炼的要求，具体认真分析、鉴别；必要时，个别文件可在审计和文书两类案卷中同时立卷。审计文件材料一般按项目立卷。

一个审计项目可立一卷或数卷，不得把几个项目的文件材料合并为一卷。

跨年度的审计项目，在项目审计终结的年度立卷。

从被审计单位收集的基本情况资料的审计项目重要文件的副本，应以资料来源单位建立资料库，一般不得与项目卷在一起。

行业审计项目的综合审计报告与下级审计机构上报的文件材料单独立卷，本审计机构直接审计的文件材料按项目另行立卷。

定期审计，按被审计单位和年度立卷。一个年度内被审计单位的材料较少时，可将这些单位的材料分别装订成薄卷，放在一起保管。

审计行政复议项目，由受理复议的审计机构按项目立卷，原审计机构收到复议文件材料，可列入审计档案。

专项审计调查项目，按项目立卷。

审计调查按专题立卷，根据材料的多少立一卷或数卷。

复审文件材料由办理复审的审计机关立卷。抄送给原审计机关的复审文件材料，与原审计结论和决定在同一年度的，与其合并立卷；不在同一年度的，另行立卷。

审计过程中，移送外单位处理的有关文件，审计机关应将原件或复印件随该审计项目文件材料立卷。

（三）审计档案卷内排列方法

审计档案卷内文件的排列顺序，一般采取单元排列法。即将需立卷归档的文件材料分为结论性材料、证明性材料和立项性材料三个单元。每个单元内再根据不同情况和需要进行不同顺序排列。

第一单元　结论性综合性文件材料，一般的排列顺序是：

向上级机关报送的请示、报告和上级机关的批复。

审计（含复审）结论和决定。

被审计单位执行审计结论和决定情况的报告及罚款、没收款、扣缴款回执。

审计报告（含审计意见）及审计机关审定审计报告（复审意见）的会议纪要或会议记录。

被审计单位对审计报告的书面意见。

被审计单位对审计结论和决定的复审申请，对审计（含复审）结论和决定的申诉材料。

停止拨款、贷款、冻结银行存款、封存账册的文书及回执。

移送处理意见书及其他材料。

第二单元　证明性材料。按审计报告所列时间的先后次序排列：

审计证实问题汇总记录（证实审计报告所列问题的汇总文字或表格）。

审计证实问题分项记录（证实审计报告所列问题的原始凭证、账单复印件、审计工作记录及调查证明性材料）。

依法做出审计结论和决定的法规目录或摘要，上级机关有关本项目问题处理的政策界限。

第三单元　立项性文件材料。按文件产生的先后顺序排列：

上级机关对项目审计任务的指示和部署意见。

群众来信或采访记录。

本项目的审计计划或审计方案。

审计通知书。

立卷组合文件的具体排列，一般批复在前，请示在后；正文再前，附件在后，印件在前，定稿在后；定稿在前，修改稿在后。

审计档案的编目和装订与其他文书档案一致，但应注意：破损和褪色的文件材料，应进行修补和复制；字迹难以辨认的，应附抄件并加以说明；文件材料装订部位过窄或有字的，用纸加宽装订；纸面小的，加贴在标准的A4纸上。

四、审计档案的归档管理

审计档案是审计组织的重要历史资料和宝贵财富。因此，必须建立审计档案管理制度。

（一）领导重视，统一认识

做到谁审计，谁立卷，并做好保管归档工作，责任明确。

（二）专柜存放，妥善保管

要具备安全保险的条件，使其不致遗失和被盗窃，并避免遭受自然灾害的损坏。

（三）建立严格的借阅、调阅和保密制度

无论借阅、调阅，须经专职领导核准，限定借出时间，按期归还并注意保密。

（四）规定审计档案的保存期和销毁报批制度

对于当期档案从审计报告签发之日起至少保存15年，对于长期档案保管15~50年，重要的档案应永久保存。对于保管到期或失去考查利用价值的审计档案应按规定手续进行销毁。

附 录

附录一

农业部办公厅
关于印发《农村集体经济组织审计规定》的通知

农办经〔2008〕1号

各省、自治区、直辖市农业（农林、农牧）厅（局、委、办）：

  为全面推进农业依法行政，根据《国务院办公厅关于开展行政法规规章清理工作的通知》（国办发〔2007〕12号）要求，我部对《农村合作经济内部审计暂行规定》（农业部〔1992〕令第11号）的名称及部分条款进行了修改，并于2007年10月30日农业部第13次常务会议审议通过，2007年11月8日起施行（农业部令第6号）。现将新修改的《农村集体经济组织审计规定》印发给你们，请参照执行。

  附件：农村集体经济组织审计规定

农业部办公厅
二〇〇八年一月二日

农村集体经济组织审计规定

第一章 总 则

  第一条 为了加强农村集体经济组织的审计监督，严肃财经法纪，提高经济效益，保护农村集体经济组织的合法权益，促进农村经济的发展，根据《中华人民共和国审计法》《农民承担费用和劳务管理条例》《审计署关于内部审计工作的规定》和有关法律、法规、政策,结合农村集体经济组织发展的具体情况,制定本规定。

第二条 农业部负责全国农村集体经济组织的审计工作。

审计业务接受国家审计机关和上级主管部门内审机构的指导。

第三条 县级以上地方人民政府农村经营管理部门负责指导农村集体经济组织的审计工作,乡级农村经营管理部门负责农村集体经济组织的审计工作。

第四条 凡建立农村集体经济组织审计机构的,都应配备相应的审计人员。

审计人员应当经过考核,发给审计证,凭证开展审计工作。

第五条 农村集体经济组织审计机构工作人员应当依法审计,忠于职守,坚持原则,客观公正,廉洁奉公,保守秘密。

第二章 审计范围和任务

第六条 农村集体经济组织审计机构的审计监督范围为村、组集体经济组织。

第七条 农村集体经济组织审计机构对前条所列单位的下列事项进行审计监督:

(一)资金、财产的验证和使用管理情况;

(二)财务收支和有关的经济活动及其经济效益;

(三)财务管理制度的制定和执行情况;

(四)承包合同的签订和履行情况;

(五)收益(利润)分配情况;

(六)承包费等集体专项资金的预算、提取和使用情况;

(七)村集体公益事业建设筹资筹劳情况;

(八)村集体经济组织负责人任期目标和离任经济责任;

(九)侵占集体财产等损害农村集体经济组织利益的行为;

(十)乡经营管理站代管的集体资金管理情况;

(十一)当地人民政府、国家审计机关和上级业务主管部门等委托的其他审计事项。

第三章 审计职权

第八条 农村集体经济组织审计机构在审计过程中有下列职权:

(一)要求被审计单位报送和提供财务计划、会计报表及有关资料;

(二)检查被审计单位的有关账目、资产,查阅有关文件资料,参加被审计单位的有关会议;

(三)向有关单位和人员进行调查,被调查的单位和人员应当如实提供有关资料及证明材料；

（四）对正在进行的损害农村集体经济组织利益、违反财经法纪的行为，有权制止；

（五）对阻挠、破坏审计工作的被审计单位，有权采取封存有关账册、资产等临时措施。

第九条 农村集体经济组织审计工作人员依法行使职权，受法律保护，任何人不得打击报复。

第四章 审计程序

第十条 农村集体经济组织审计机构根据同级人民政府和上级业务主管部门的要求，结合本地实际，确定审计工作的重点，编制审计项目计划和工作方案。

农村集体经济组织审计机构确定审计事项后，应当通知被审计单位。

第十一条 农村集体经济组织审计人员根据审计项目，审查凭证、账表，查阅文件、资料，检查现金、实物，向有关单位和人员进行调查，并取得证明材料。

证明人提供的书面证明材料应当由提供者签名或盖章。

第十二条 农村集体经济组织审计人员，在审计过程中，应当主动听取农民群众和民主理财组织的意见。

第十三条 农村集体经济组织审计人员对审计事项进行审计后，向委派其进行审计的农村集体经济组织审计机构提出审计报告。重大审计事项的审计报告，应当分别报送同级人民政府、上级农村集体经济组织审计机构和有关主管部门。

审计报告在报送之前，应当征求被审计单位的意见。被审计单位应当在收到审计报告之日起十日内提出书面意见。

第十四条 农村集体经济组织审计机构审定审计报告，作出审计结论和决定，通知被审计单位和有关单位执行，并向农民群众公布。

第十五条 被审计单位对农村集体经济组织审计机构作出的审计结论和决定如有异议，可在收到审计结论和决定之日起十五日内，向上一级农村集体经济组织审计机构申请复审。上一级农村集体经济组织审计机构应当在收到复审申请之日起三十日内，作出复审结论和决定。特殊情况下，作出复审结论和决定的期限，可适当延长。

复审期间，不停止原审计结论和决定的执行。

第十六条 农村集体经济组织审计机构应当检查审计结论和决定的执行情况。

第十七条 农村集体经济组织审计机构对办理的审计事项必须建立审计档案，加强档案管理。

第十八条 农村集体经济组织审计机构应当对农村集体经济组织财务收支按月或按季进行经常、全面的审计监督。

第五章 奖 惩

第十九条 对遵守和维护财经法纪成绩显著的单位和个人，提出通报表扬和奖励。

第二十条 农村集体经济组织审计机构对被审计单位违反规定的收支、用工和非法所得的收入，应当在审计结论和决定中明确，分别按规定上缴国家，或退还农村集体经济组织和农户。

第二十一条 违反本规定，有下列行为之一的单位负责人、直接责任人员及其他有关人员，应当给予行政处分的，由农村集体经济组织审计机构建议当地人民政府或有关主管部门处理：

（一）拒绝提供账簿、凭证、会计报表、资料和证明材料的；

（二）阻挠审计工作人员依法行使审计职权，抗拒、破坏监督检查的；

（三）弄虚作假，隐瞒事实真相的；

（四）拒不执行审计结论和决定的；

（五）打击报复审计工作人员和检举人的。

第二十二条 违反本规定，有下列行为之一的农村集体经济组织审计人员，可由农村集体经济组织审计机构给予处分，或向同级人民政府和有关部门提出给予行政处分的建议：

（一）利用职权，谋取私利的；

（二）弄虚作假，徇私舞弊的；

（三）玩忽职守，给被审计单位和个人造成损失的；

（四）泄露秘密的。

第二十三条 对经济处理决定不服的单位和个人，可向作出处理决定机构的上一级机构提出申诉。

第二十四条 对有本规定第二十一条、第二十二条所列行为，情节严重，构成犯罪的，提请司法机关依法追究刑事责任。

第六章 附 则

第二十五条 农村集体经济组织审计机构可接受委托向农村集体经济组织以外的单位提供审计服务，其收费标准，由省、自治区、直辖市农村行政主管部门会同同级财政、物价主管部门制定。

第二十六条 各省、自治区、直辖市可根据本规定制定实施办法。

第二十七条 本规定由农业部负责解释。
第二十八条 本规定自发布之日起施行。

附录二

浙江省农村集体经济审计办法

浙江省人民政府令第147号

《浙江省农村集体经济审计办法》已经省人民政府第68次常务会议审议通过,现予公布,自2002年10月1日起施行。

省长 柴松岳
二〇〇二年七月十八日

第一章 总 则

第一条 为了加强对农村集体经济的审计监督,保护农村集体经济组织及其成员的合法权益,促进农村经济发展,根据国家有关规定,结合我省实际,制定本办法。

第二条 本办法所称农村集体经济审计(以下简称农村审计)是指对农村集体经济组织及其所属单位的资产负债、财务收支等经济活动进行的审计;对提取、管理、使用农民承担费用和劳务进行的专项审计及其他专项审计。

第三条 县级以上人民政府农业行政主管部门负责本行政区域内的农村审计工作。林业、水利、海洋渔业、中小企业、行政监察等行政主管部门按照各自的职责,配合农村审计行政主管部门共同做好农村审计工作。

第四条 农村审计应当坚持客观公正、实事求是、廉洁奉公、保守秘密的原则。

第五条 农村审计人员依法行使职权,受法律保护,任何单位和个人不得阻碍和打击报复。

第二章 审计人员

第六条 农村审计人员应当参加专业培训,并经省农业行政主管部门考核合格,取得农村审计人员资格证书后,方可从事农村审计工作。

农村审计人员的资格条件及考核办法,由省农业行政主管部门根据国家有关规定制定,报省人民政府备案。

第七条　农村审计人员办理审计事项,遇有下列情形之一的,应当自行回避;被审计单位有权申请审计人员回避:

(一)与被审计单位负责人和有关主管人员之间有夫妻关系、直系血亲关系、三代以内旁系血亲和近姻亲关系的;

(二)与被审计单位或者审计事项有经济利益关系的;

(三)与被审计单位或者审计事项有其他利害关系,可能影响公正的。

审计人员的回避,由农业行政主管部门负责人决定。

第八条　农村审计人员在审计工作中对知悉的被审计单位的有关商业秘密等秘密事项负有保密义务。

第三章　审计对象与审计职权

第九条　农业行政主管部门对本行政区域内的下列单位进行审计:

(一)农村集体经济组织;

(二)农村集体经济组织所属的单位;

(三)使用村提留、乡镇统筹费、农村义务工、劳动积累工等农民承担费用(劳务)的单位。

第十条　农业行政主管部门对下列事项进行审计监督:

(一)财务管理制度的建立及执行情况;

(二)财务预算执行情况;

(三)财务会计报表、会计凭证、会计账簿的完整性、真实性和合法性;

(四)资产、负债、损益、分配情况;

(五)村提留、乡镇统筹费、农村义务工、劳动积累工等农民承担费用(劳务)的管理、使用情况;

(六)承包金、租金、土地征用费等费用的收入、管理、使用情况;

(七)借入资金的管理和使用情况;

(八)受赠资金、物资的管理使用情况;

(九)建设项目的财务情况;

(十)农村集体经济组织及其所属单位负责人的任期经济责任;

(十一)其他需要审计的事项。

第十一条　农业行政主管部门在进行农村审计时,行使下列职权:

(一)要求被审计单位如实提供财务收支计划及其执行情况、财务报告、合同以及其他与财务有关的资料，查阅、复印被审计单位的会计凭证、会计账簿、会计报表、预算、决算等会计资料，检查资金和财产，被审计单位不得拖延、谎报；

（二）对审计事项涉及的问题，有权向有关单位和人员调查，收集证明材料；

（三）发现被审计单位转移、隐匿、篡改、毁弃会计报表、会计凭证、会计账簿以及其他财务资料的，必要时，经农业行政主管部门负责人批准，可暂时封存被审计单位与违反财务收支有关的账册资料；

（四）发现被审计单位有违反国家和农村集体规定的财务收支行为的，有权予以制止。

农村审计人员行使职权时，被调查单位和个人应当如实反映情况和提供证明材料，不得拒绝和阻碍。

第十二条　农业行政主管部门开展审计工作，接受上级农业行政主管部门和国家审计机关的业务指导。

第四章　审计程序

第十三条　农业行政主管部门应当根据下列情况确定审计任务，编制审计工作计划：

（一）集体经济组织负责人任期届满审计或任期内离任审计；

（二）集体经济组织成员认为集体经济管理违反财务规则，需要进行的审计；

（三）根据当地人民政府的部署进行的审计。

前款第（一）、（三）项的审计工作经费列入同级人民政府财政预算。

第十四条　农业行政主管部门根据审计工作计划，成立项目审计组。审计组应当编制具体的审计方案。

第十五条　农业行政主管部门应当在实施审计的3日前书面通知被审计单位。

第十六条　审计人员应当通过审查与审计事项有关的凭证、账簿、报表，查阅文件、资料，检查现金、有价证券、实物，向有关单位和个人调查等方式进行审计。

第十七条　审计人员按照下列规定实施审计：

（一）编制审计工作底稿，对审计中发现的问题，作出详细、准确的记录，并注明资料来源；

（二）搜集、取得能够证明审计事项的有关资料、文件和实物等；

（三）对与审计事项有关的会议和谈话内容作出记录，或者根据审计工作需要，要求有关单位提供会议记录材料。

第十八条　调查取证时，审计人员应当出示行政执法证和审计通知书副本，并有两名以上持证审计人员在场。证明材料应当有被调查人签名或者盖章。

第十九条 审计组在审计报告报送之前,应当征求被审计单位的意见。被审计单位应当在收到审计报告之日起10日内提出书面意见。逾期不提出书面意见的,视作无异议。被审计单位对审计报告有异议的,审计组应当作出说明或者复查。

第二十条 审计事项完毕后,审计组应当向农业行政主管部门提出审计报告。被审计单位对审计报告有异议的,审计报告应附被审计单位的书面意见,以及对异议的处理结果。

第二十一条 农业行政主管部门对审计报告进行审查、复核后,按下列规定办理:

(一)对没有违反国家规定的财务收支行为,应当对审计事项作出评价,出具审计意见书;

(二)对有违反国家规定的财务收支行为,情节轻微的,应当予以指明并责令其自行纠正,对审计事项作出评价,并出具审计意见书;

(三)对违反国家规定的财务收支行为,需要依法给予处理、处罚的,除应当对审计事项作出评价,出具审计意见书外,还应当依照法定权限作出处理或处罚决定;

(四)对违反国家规定的财务收支行为,应当由有关主管机关或者集体经济组织处理的,应当制作审计建议书,向有关主管机关或者集体经济组织提出处理意见。

第二十二条 除涉及商业秘密等不宜公开情形外,农业行政主管部门可根据情况将审计结果向集体经济组织成员或者被审计单位公布,并督促被审计单位根据审计结果进行整改。

第二十三条 办理农村审计项目,应当按省农业行政主管部门规定的格式制作审计文书。

第五章 法律责任

第二十四条 被审计单位有下列情形之一的,由农业行政主管部门责令其限期改正,通报批评或者给予警告,并可对有关单位的负责人、直接责任人员处以500元以上1 000元以下的罚款:

(一)拒绝、拖延提供与审计事项有关资料的;

(二)拒绝、阻碍审计检查的;

(三)转移、隐匿、篡改、毁弃会计凭证、会计报表及有关资料的;

(四)弄虚作假,隐瞒事实真相的;

（五）拒不执行审计意见书的；

（六）对农村审计人员打击报复的。

上列行为情节严重的，农业行政主管部门应当建议集体经济组织、集体经济组织成员（村民）会议或者集体经济组织成员（村民）代表会议，对被审计单位负有直接责任的主管人员和其他直接责任人员作出处理；对国家工作人员，建议有关主管部门或者行政监察部门给予行政或者纪律处分；构成治安违法的，由公安机关给予治安处罚；构成犯罪的，依法追究刑事责任。

第二十五条 被审计单位转移、隐匿违法取得的资产的，农业行政主管部门应当予以制止，或者申请人民法院采取财产保全措施；造成损失的，责令其赔偿损失。

第二十六条 对侵占、挪用、私分集体资产的有关人员，由农业行政主管部门或者乡镇人民政府责令其退还财产；造成损失的，应责令其赔偿损失。

第二十七条 被审计单位有公款私存、设立"小金库"或账外账、白条抵库、收入不入账、违反规定发放资金、实物等违反财务收支行为的，由农业行政主管部门责令其纠正，并给予警告；有违法所得的，责令其退还。

第二十八条 对受本办法第二十五条、第二十六条、第二十七条处罚或处理的被审计单位的直接责任人及其他有关人员，由农业行政主管部门建议集体经济组织、集体经济组织成员（村民）会议或者集体经济组织成员（村民）代表大会作出处理；构成犯罪的，依法追究刑事责任。

第二十九条 违反减轻农民负担法规、规章规定，增加农民负担的，农业行政主管部门应当责令其纠正；情节严重的，建议有关部门或者行政监察部门对直接责任人和主管人员给予行政或者纪律处分。

第三十条 被审计单位对农业行政主管部门的处理、处罚决定等具体行政行为不服的，可以依法向作出决定的农业行政主管部门的本级人民政府或上一级农业行政主管部门申请行政复议。

第三十一条 农村审计人员有下列情形之一的，农业行政主管部门应当给予行政处分：

（一）依照本办法规定应当回避，因故意隐瞒事实而没有回避的；

（二）违反规定，泄露被审计单位商业秘密等有关秘密事项的；

（三）对被审计单位违法行为应当予以制止而没有制止，造成集体经济组织财产损失的；

（四）因审计监督不力，导致农村集体经济财务混乱，后果严重的；

（五）其他滥用职权、玩忽职守、徇私舞弊行为的。

前款第（二）（三）（四）项情形，情节严重的，由行政监察机关对农业行政主管部门的负责人给予行政处分。

第六章 附 则

第三十二条 本办法下列用语的含义：

农村集体经济组织所属企业：是指集体资本占企业资本总额50%以上的企业，以及集体资本占企业总资本的比例不足50%，但集体资产投资者实质上拥有控制权的企业。

农村集体经济组织所属单位：是指由农村集体经济组织出资兴办的学校、养老院、农业技术服务站等为农村集体经济组织成员服务的公益性单位。

第三十三条 本办法对乡镇统筹费、农村义务工、劳动积累工使用情况进行审计的规定，不适用于农村税费改革完成的地区。

第三十四条 本办法自2002年10月1日起施行。

附录三

浙江省农村集体资产管理条例

（2015年12月30日浙江省第十二届人民代表大会常务委员会第二十五次会议通过）

《浙江省农村集体资产管理条例》已于2015年12月30日经浙江省第十二届人民代表大会常务委员会第二十五次会议通过，现予公布，自2016年5月1日起施行。

浙江省人民代表大会常务委员会
2015年12月30日

浙江省农村集体资产管理条例

（2015年12月30日浙江省第十二届人民代表大会常务委员会第二十五次会议通过）

目录

第一章　总则
第二章　资产权属
第三章　资产运营
第四章　财务管理
第五章　股份合作
第六章　产权交易
第七章　审计监督
第八章　保障措施
第九章　法律责任
第十章　附　则

第一章 总 则

第一条 为了规范农村集体资产管理，维护农村集体经济组织及其成员的合法权益，保障农村集体资产保值增值，巩固和发展农村集体经济，根据有关法律、行政法规，结合本省实际，制定本条例。

第二条 本省行政区域内农村集体资产管理活动，应当遵守本条例。

本条例所称农村集体资产，是指村集体经济组织成员集体所有的资产，包括资源性、经营性和非经营性资产。

本条例所称村集体经济组织及其成员，是指《浙江省村经济合作社组织条例》规定的村经济合作社及其社员，以及村经济合作社股份合作制改造后成立的村股份经济合作社及其社员股东。

第三条 农村集体资产是农业合作化和农民群众劳动积累的成果，承担稳定与完善统分结合的双层经营体制、发展农村集体经济、增加农民收入、促进共同富裕等功能。

第四条 对农村集体资产按照合作制原则实行民主管理，其经营收益由本集体经济组织全体成员共同享有，并依照本条例规定和集体经济组织章程分配。村集体经济组织应当保障妇女在集体资产的管理、使用及收益分配方面享有与男子平等的权利。

村集体经济组织及其成员有保护农村集体资产不受侵犯、维护农村集体资产正常运行的权利和义务。

农村集体资产受法律保护，任何单位和个人不得侵占、私分、平调、破坏。

第五条 村集体经济组织依法代表全体成员对农村集体资产行使占有、使用、收益和处分的权利，承担资源开发与利用、资产经营与管理、生产发展与服务、财务管理与分配等职能。中国共产党在农村的基层组织领导、支持和保障村集体经济组织依法履行职能。

村集体经济组织应当参与农村社区建设和社区协商，为农村社区事业发展提供物质支持。

村集体经济组织执行机构和监督机构分别承担农村集体资产的日常管理和内部监督工作，对村集体经济组织全体成员负责。

村集体经济组织应当建立健全资产与财务管理各项规章制度，实行财务公开和民主理财，保障本集体经济组织及其成员的合法权益。

尚未建立村集体经济组织的，农村集体资产的所有权暂由村民委员会代表全体成员行使。

第六条　县级以上人民政府应当加强对本行政区域内农村集体资产管理工作的领导，建立健全监督与指导体系，制定农村集体资产管理制度，加大财政投入，扶持农村集体经济发展，维护村集体经济组织及其成员的合法权益。

乡镇人民政府（街道办事处）是本辖区内农村集体资产管理的监督责任主体，应当确定专门机构和工作人员负责对农村集体资产管理的监督、指导服务和权益维护等工作，所需工作经费列入财政预算。

第七条　县级以上人民政府农业主管部门负责对本行政区域内农村集体资产管理的业务指导、技术培训和监督。农业主管部门所属的农村经营管理机构承担日常具体工作。

县级以上人民政府监察、民政、财政、审计、国土资源、水利、林业、文化、海洋与渔业等部门按照职责分工，共同做好对农村集体资产管理的监督工作。

第二章　资产权属

第八条　下列资产属于农村集体资产：

（一）依法属于村集体经济组织成员集体所有的土地和森林、山岭、草原、荒地、滩涂、水域等资源性资产；

（二）村集体经济组织成员集体所有的用于生产经营的建筑物、构筑物、设施设备、库存物品、各种货币资产以及债权、股权等经营性资产；

（三）村集体经济组织成员集体所有的用于教育、科学、文化、卫生、体育等公益事业的非经营性资产；

（四）村集体经济组织成员集体所有的其他有形和无形资产。

村集体经济组织接受社会资助、捐赠和财政直接补助所形成的资产，属于本集体经济组织成员集体所有。

第九条　县级以上人民政府应当根据法律、法规和国家有关规定，对农村集体资产的所有权或者使用权进行界定确认。

县级以上人民政府及其有关部门应当依照《中华人民共和国物权法》《中华人民共和国农村土地承包法》和不动产登记有关规定，对村集体经济组织成员集体所有的土地、房屋以及土地承包经营权等予以登记。

村集体经济组织应当建立资产登记制度，定期清查本集体经济组织成员集体所有资产，如实登记资产存量及变动情况，做到资产明晰、账实相符。对报废的资产，应当按照规定程序予以核销。

对实行承包和租赁经营的资产，村集体经济组织应当登记承包人、承租人的名称或者姓名以及承包、租赁的期限、收益等情况。

第十条　农村集体土地依法被征收为国有土地的，设区的市、县（市、区）

人民政府除依照法律、法规规定的标准给予补偿外，还应当按照被征收土地面积的一定比例，为被征地村安排集体经济发展留用地，或者以留用地指标折算为集体经济发展资金等形式予以补偿。具体办法由设区的市人民政府制定。

前款规定的留用地或者集体经济发展资金等形式的补偿应当用于发展农村集体经济，不得直接分配给集体经济组织成员。留用地的使用应当符合城乡规划和土地利用总体规划。

第十一条　因村集体经济组织合并、分立需要调整农村集体资产权属，或者因村集体经济组织终止需要处分农村集体资产的，应当尊重有关村集体经济组织及其成员的意愿，制定具体的实施方案。实施方案应当经本集体经济组织成员大会或者成员大会授权的成员代表大会应到成员三分之二以上通过。

村集体经济组织合并、分立、终止的程序依照《浙江省村经济合作社组织条例》的规定执行。村集体经济组织合并、分立或者终止时，应当依法进行清算。

调整农村集体资产权属和处分农村集体资产不得损害村集体经济组织及其成员的合法权益。

第三章　资产运营

第十二条　村集体经济组织应当建立和完善农村集体资产经营管理、资产保值增值、责任考核和风险控制等制度。

村集体经济组织对农村集体资产可以直接经营，也可以采取发包、租赁、合资、合作等方式经营。

第十三条　村集体经济组织经营管理人员应当具备下列条件，并由本集体经济组织选举、任命或者聘任：

（一）有良好的品行和信誉；

（二）具有农村集体资产经营管理的专业知识和工作能力；

（三）有能够正常履职的时间和身体条件；

（四）法律、法规规定的其他条件。

村集体经济组织根据需要配备农村集体资产专管员，负责集体资产的统计、登记和财务报账、财务会计档案保管等事务。

第十四条　单位和个人经营或者使用农村集体资产的，应当与村集体经济组织签订书面合同，合理确定合同期限、标的，明确双方的权利和义务。

第十五条　村集体经济组织应当每年召开本集体经济组织成员大会或者成员代表大会，听取、审查村集体经济组织执行机构关于农村集体资产经营管理的工作报告和村集体经济组织监督机构关于农村集体资产经营管理的监督工作报告，讨论决定农村集体资产年度经营管理和制度建设等重大事项。

村集体经济组织成员代表大会行使前款规定职能的，应当取得成员大会的授权。

第十六条　村集体经济组织以及村集体经济组织经营管理人员，不得以本集体资产为其他单位和个人的债务提供担保。

任何单位和个人不得强制村集体经济组织捐款捐助或者向村集体经济组织摊派。

第十七条　农村集体资产经营管理活动中的下列事项，应当经本集体经济组织成员大会或者成员大会授权的成员代表大会应到成员三分之二以上通过：

（一）本集体经济组织年度财务预决算、收益分配和非生产性支出方案；

（二）农村集体资产经营方式、经营目标及重大经营事项的确定和变更；

（三）重大投资和工程建设项目、较大数额的举债；

（四）出借集体资金；

（五）集体土地征收征用补偿费的分配和使用；

（六）留用地和集体经济发展资金的使用；

（七）宅基地的分配；

（八）依法进行的集体经营性建设用地入市；

（九）涉及本集体经济组织全体成员利益的其他重大事项。

前款所列事项的表决过程应当由村集体经济组织监督机构全程监督。其中，第三项、第四项规定的事项在提请表决前，还应当由村集体经济组织执行机构说明可能造成的风险。

重大投资和工程建设项目、较大数额举债等具体数额标准，由村集体经济组织依照本条第一款规定的民主决策程序予以确定。

第十八条　村集体经济组织应当合理控制债务规模。乡镇人民政府（街道办事处）可以根据村集体经济组织的经营管理需要和债务偿还能力，对村集体经济组织的债务规模设置警戒线，并对村集体经济组织及其成员发布预警信息，提示债务超过警戒线可能造成的风险。

第十九条　村集体经济组织对其出资的企业或者其他经济组织依法享有资产收益和相应的经营管理权利。

村集体经济组织对其独资、控股、参股的企业或者其他经济组织，应当通过制定、参与制定该企业或者其他经济组织章程的方式，建立权责明确的内部监督管理和风险控制制度，维护本集体经济组织及其成员的权益。

第二十条　调整农村集体资产权属、开展股份合作以及本条例第十七条规定事项的实施方案，依照本条例规定的民主决策程序交付表决前，应当在本集体经济组织范围内进行公示，征求本集体经济组织成员意见，征求意见时间不少于十五日。

第四章　财务管理

第二十一条　村集体经济组织应当遵守《中华人民共和国会计法》《会计基础工作规范》《村集体经济组织会计制度》等法律和国家有关规定，建立健全本集体经济组织财务和会计制度。

村集体经济组织因与其他单位或者个人的经济业务取得的原始凭证，应当为财政、税务和农业主管部门规定的票据。

第二十二条　村集体经济组织只能开设一个基本存款账户，用于办理日常转账结算和现金收付；除土地补偿费专门账户外，不得开设其他专用或者临时账户。

村集体经济组织开设一般账户及开设一般账户的数量，由本集体经济组织成员大会或者成员大会授权的成员代表大会应到成员过半数确定。开设的一般账户基本信息及数量，应当报乡镇人民政府（街道办事处）备案。

村集体经济组织可以委托县（市、区）农业主管部门或者乡镇人民政府（街道办事处）组织公开招投标，确定存储本集体经济组织大额存款的商业银行。

第二十三条　村集体经济组织应当建立财务会计档案管理制度，保证财务会计资料的完整和真实。农村集体资产专管员或者其他相关经营管理人员调整的，财务会计资料和财务印章应当及时移交。

第二十四条　推行村集体经济组织会计委托代理制度。村集体经济组织可以委托乡镇会计代理机构或者其他会计代理机构代理会计业务。

村集体经济组织委托会计代理机构代理会计业务的，应当签订书面委托合同，明确双方的权利和义务。

会计代理机构应当配备具有会计从业资格的人员。

第二十五条　村集体经济组织应当保障其成员对本集体资产经营和财务管理的知情权、监督权。

村集体经济组织应当按月或者按季度向本集体经济组织成员公开财务明细账目；发生重大财务事项的，应当自重大财务事项发生之日起五日内向本集体经济组织成员公布。重大财务事项的标准由县（市、区）人民政府确定。

村集体经济组织监督机构应当履行民主理财的监督职能，对农村集体资产经营管理和财务收支进行审查，及时公布审查情况。

第五章　股份合作

第二十六条　村集体经济组织可以通过股份合作形式，明确其成员对农村集体资产股份占有和收益分配权利。

村集体经济组织完成股份合作制改造后，仍为集体所有、合作经营、民主管理、服务成员的社区性农村集体经济组织。

第二十七条 推行将农村集体资产中的经营性资产折股量化到本集体经济组织成员。农村集体资产中的非经营性资产应当为本集体经济组织成员提供公益性服务，可以折股量化到本集体经济组织成员。

鼓励在土地承包经营权确权登记颁证的基础上，采用土地承包经营权入股的方式，发展土地股份合作，实行适度规模经营。

集体经营性建设用地依法入市的，其入市收益作为集体资产可以折股量化到本集体经济组织成员，但不得直接分配给集体经济组织成员。

第二十八条 村集体经济组织开展股份合作，应当按照尊重历史、照顾现实、男女平等、群众认可的原则，进行清产核资、界定村集体经济组织成员身份，并设置和量化股权。

股份合作实施方案依照本条例第二十条规定征求意见后，应当报乡镇人民政府（街道办事处）进行合法性审查。乡镇人民政府（街道办事处）应当在七个工作日内完成审查工作，对不符合法律、法规规定的实施方案，应当告知村集体经济组织进行修改。

经审查认定符合法律、法规规定的实施方案，经本集体经济组织成员大会应到成员三分之二以上通过后方可实施。通过后的实施方案应当报县（市、区）农业主管部门和乡镇人民政府（街道办事处）备案。

第二十九条 村集体经济组织完成股份合作制改造后，由县（市、区）人民政府颁发村股份经济合作社证明书。

已经办理工商登记的村集体经济组织，应当凭村股份经济合作社证明书向县（市、区）工商行政管理部门办理变更登记。尚未办理工商登记的村集体经济组织，可以凭村股份经济合作社证明书向县（市、区）工商行政管理部门办理设立登记。

第三十条 折股量化到村集体经济组织成员的农村集体资产股权，为农村集体资产收益分配的依据，可以依法继承。

农村集体资产股权限于在本集体经济组织内部转让。法律、行政法规另有规定的，从其规定。

村集体经济组织每个成员通过折股量化和转让持有的农村集体资产股权不得超过本组织股权总数的百分之三。本条例施行前已经通过折股量化和转让持有的农村集体资产股权，纳入本条规定的比例核算；超过规定比例的部分可以继续持有，但不得再通过折股量化或者转让增加持有的比例。

第三十一条 县(市、区)人民政府应当建立农村集体资产信息化管理平台。开展股份合作的村集体经济组织的成员姓名及其股权等信息,由乡镇人民政府(街道办事处)在农村集体资产信息化管理平台上予以记载。农村集体资产股权依法继承、转让的,记载的相关信息应当及时予以变更。

第三十二条 农村集体资产当年的净收益应当在提取公积金、公益金后实行按股分红。公积金、公益金合计提取的比例不得低于净收益的百分之三十。公积金主要用于村集体经济组织发展生产、转增资本、弥补亏损等,公益金主要用于村级公共开支。

第三十三条 已撤村建居且符合下列条件的,村集体经济组织可以依照《浙江省村经济合作社组织条例》规定的程序予以终止:

(一)本集体经济组织成员集体所有的土地全部被征收;

(二)本集体经济组织成员全部纳入城乡居民社会保障体系;

(三)农村社区全部划入城镇建成区;

(四)社区基本公共服务实现城乡一体化和均等化。

村集体经济组织依照本条例规定终止的,可以改制为有限责任公司或者股份有限公司。

第六章 产权交易

第三十四条 县级以上人民政府应当加强农村产权交易市场建设,制定交易规则和管理办法,支持和监督资产评估、担保、公证等中介机构参与农村产权交易服务。

农村产权交易市场应当建立健全业务受理、信息发布、交易签约、交易中(终)止、交易(合同)鉴证、档案管理等制度,保障农村集体资产公开、公平、公正交易。

第三十五条 达到县(市、区)人民政府确定的标的额的农村集体资产交易,应当进入农村产权交易市场公开进行。

第三十六条 有下列情形之一的,应当进行农村集体资产评估:

(一)以入股、合资、合作等方式经营农村集体资产的;

(二)转让农村集体资产的;

(三)因村集体经济组织合并、分立需要调整农村集体资产权属的;

(四)因村集体经济组织终止需要处分农村集体资产的;

(五)法律、法规规定需要进行农村集体资产评估的其他情形。

第三十七条 农村集体资产评估应当委托具有资质的资产评估机构进行。

评估机构的确定应当经村集体经济组织成员大会或者成员大会授权的成员

代表大会应到成员三分之二以上通过。

农村集体资产评估结果应当向本集体经济组织成员公示，公示时间不少于十五日。

经村集体经济组织成员大会或者成员大会授权的成员代表大会应到成员三分之二以上通过，村集体经济组织可以对农村集体资产设定保留价，并可以确定评估结果低于保留价的，暂停本条例第三十六条所列事项的实施。

第七章　审计监督

第三十八条　县（市、区）农业主管部门和乡镇人民政府（街道办事处）按照县（市、区）人民政府确定的职责分工，负责组织对本辖区内村集体经济组织的审计工作。县级以上人民政府审计机关应当加强审计业务指导。

县（市、区）农业主管部门和乡镇人民政府（街道办事处）可以委托有资质的第三方审计机构，对村集体经济组织进行审计。

有条件的村集体经济组织可以建立内部审计机构，组织开展审计工作。

第三十九条　县（市、区）农业主管部门和乡镇人民政府（街道办事处），应当对村集体经济组织的下列事项进行审计监督：

（一）财务管理制度的执行；

（二）资产、负债、损益和收益分配；

（三）承包、租赁、转让等合同的签订和履行；

（四）集体土地征收征用补偿费的分配和使用；

（五）公积金、公益金等农村集体专项资金的提取和使用；

（六）重大投资和工程建设项目及非生产性支出；

（七）村集体经济组织负责人任期目标和离任经济责任；

（八）县级以上人民政府及其审计机关指定的其他审计事项。

第四十条　村集体经济组织应当建立健全审计整改责任制，及时整改审计发现的问题。县（市、区）农业主管部门或者乡镇人民政府（街道办事处）应当督促村集体经济组织根据审计结果进行整改。村集体经济组织应当将审计整改情况向县（市、区）农业主管部门和乡镇人民政府（街道办事处）报告。

除依法不应公开的外，村集体经济组织应当将审计结果和审计整改情况向本集体经济组织成员公开。

第四十一条　县级以上人民政府审计机关应当依法加强对村集体经济组织使用公共资金情况的审计监督。经本级人民政府批准，审计机关可以对村集体经济组织的财务收支情况进行审计监督。

第八章 保障措施

第四十二条 县级以上人民政府应当按照统筹城乡发展的要求,加大对村级组织运转、村级公共事业以及基础设施建设与管理维护的转移支付力度。以政府投入推动的农村公共设施建设和城乡基本公共服务均等化项目,不得强制村集体经济组织安排配套资金。

第四十三条 县(市、区)人民政府应当将乡镇会计代理机构的办公条件、人员工资等所需经费,列入财政预算。有条件的县(市、区)人民政府也可以通过购买服务方式,确定为村集体经济组织提供会计代理服务的会计代理机构。

乡镇会计代理机构或者县(市、区)人民政府通过购买服务方式确定的会计代理机构,为村集体经济组织提供会计代理服务,不得向村集体经济组织收取费用。

第四十四条 村集体经济组织因名称变更或者合并、分立等原因办理非交易性质的产权变更手续,县级以上人民政府及其有关部门应当免收产权变更登记的相关费用。

第九章 法律责任

第四十五条 违反本条例规定的行为,法律、行政法规已有法律责任规定的,从其规定。

第四十六条 违反本条例第十六条第一款规定,村集体经济组织经民主决策程序,以本集体资产为其他单位和个人的债务提供担保的,由县(市、区)农业主管部门对村集体经济组织处五万元以上二十万元以下罚款;村集体经济组织经营管理人员未经民主决策程序,以本集体资产为其他单位和个人的债务提供担保的,由县(市、区)农业主管部门对相关经营管理人员处一万元以上五万元以下罚款,有违法所得的,并处没收违法所得。

违反本条例第十六条第二款规定,强制村集体经济组织捐款捐助或者向村集体经济组织摊派的,由有权机关按照管理权限责令限期改正,对直接负责的主管人员和其他直接责任人员依法给予处分。

第四十七条 违反本条例第二十三条规定,未建立财务会计档案管理制度或者不移交财务会计资料、财务印章的,由乡镇人民政府(街道办事处)责令限期改正;经责令移交仍拒不移交有关财务会计资料、财务印章的,由县(市、区)农业主管部门对直接负责的主管人员和其他直接责任人员处二千元以上二万元以下罚款。

第四十八条 违反本条例第二十五条规定,村集体经济组织未按时公开财务明细账目或者未按时公布重大财务事项的，由乡镇人民政府（街道办事处）责令限期改正；逾期不改正的，由县（市、区）农业主管部门对直接负责的主管人员和其他直接责任人员处一千元以上五千元以下罚款。

第四十九条　违反本条例第十一条、第十七条、第二十条、第三十七条规定，村集体经济组织经营管理人员行使相关经营管理职能时未履行民主决策程序的，由乡镇人民政府（街道办事处）责令限期改正，由县（市、区）农业主管部门对相关经营管理人员处一万元以上五万元以下罚款；有违法所得的，并处没收违法所得。

第五十条　各级人民政府及其有关部门的工作人员在农村集体资产监督管理工作中滥用职权、徇私舞弊或者玩忽职守的，由有权机关依法给予处分。

第十章　附　则

第五十一条　本条例下列用语的含义：

（一）村集体经济组织执行机构和监督机构，是指《浙江省村经济合作社组织条例》规定的村经济合作社管理委员会和监督委员会，以及村股份经济合作社董事会和监事会。

（二）村集体经济组织成员大会和成员代表大会应到成员，是指有表决权的全体成员或者全体成员代表。

（三）集体经营性建设用地入市，是指集体经营性建设用地使用权按照依法、自愿、公平、公正以及与国有建设用地使用权同权同价的原则，以出让、出租、入股等有偿方式发生转移的行为。

第五十二条　本条例第四十六条至第四十九条及相应行为规范的规定，适用于乡镇（街道）集体经济组织和村内集体经济组织；本条例的其他条款，乡镇（街道）集体经济组织和村内集体经济组织可以参照执行。

第五十三条　本条例自2016年5月1日起施行。

参考文献

刘桂芝，孟志中. 2004. 中国农村经济经营管理业务指导全书 [M]. 呼和浩特：远方出版社.

梁建文. 2013. 农村集体经济审计 [M]. 北京：中国农业出版社.

彭嵋逸. 2013. 会计审计财务管理 [M]. 长沙：中南大学出版社.

庞晓鹏. 2015. 21世纪农村财务管理实务全书 [M]. 北京：中国言实出版社.

参考文献